W0095107

Inhalt

HOFÜBERGABE – WEICHENSTELLUNGEN RECHTZEITIG VORNEHMEN

Im Denken landwirtschaftlicher Familienbetriebe ist die Weitergabe des Unternehmens an die nächste Generation tief verankert. Mit der Hofübergabe werden wichtige Weichen für die Zukunft aller Beteiligten gestellt. **Weitblick** und eine frühzeitige Vorbereitung der Hofübergabe werden angesichts der sich schneller ändernden Rahmenbedingungen für die Landwirtschaft **wichtiger denn je**.

Die Hofübergabe beginnt nicht erst mit der Abfassung des Übergabevertrages oder des Testaments. Bereits bei der Entscheidung über die Schul- oder Berufsausbildung der Kinder sollten neben deren Neigungen und Interessen auch die **wirtschaftliche Situation** **und langfristige Entwicklungsmöglichkeit** sowie die bestehenden betrieblichen Potenziale des Unternehmens berücksichtigt werden.

Dabei ist zu bedenken, dass seit Langem mehr als die Hälfte der landwirtschaftlichen Unternehmen im Nebenerwerb geführt wird und auch die Zahl der Haupterwerbsbetriebe, die einer nebenberuflichen Bewirtschaftung entgegensteuern, hoch ist und bleiben wird. **Die Hofübergabe in den Nebenerwerb** wird daher auch weiterhin bedeutsam sein: Die Frage ist dann nicht mehr, den Hof bei Übergabe als vollberufliche Existenzgrundlage, sondern ihn lediglich von der Vermögenssubstanz her zu erhalten.

goodluz / Fotolia.com

Ein gut geführter Landwirtschaftsbetrieb ist die beste Voraussetzung für eine erfolgreiche Hofübergabe.

Daneben besteht die Möglichkeit der **außerfamiliären Hofübergabe** für Betriebsleiter ohne Hofnachfolger. Sie hat in der Regel zwei Ursachen: Entweder Kinderlosigkeit oder die nachfolgende Generation kann, will oder soll den Hof nicht übernehmen. Der Hof wird dann als Ganzes an einen Nachfolger übergeben und das „Lebenswerk" der bisher wirtschaftenden Familie kann so erhalten werden. Für diese Form der Hofübergabe gibt es verschiedene Möglichkeiten, die im zweiten Teil des Heftes dargestellt werden.

Im Mittelpunkt der Ausführungen steht das landwirtschaftliche **Einzelunternehmen**, das im Eigentum einer Familie geführt wird und in Deutschland überwiegend anzutreffen ist. Vieles von dem nachfolgend Gesagten lässt sich jedoch zumindest auf die Inhaber von

landwirtschaftlichen Personengesellschaften übertragen.

Durch **offene Gespräche** aller Beteiligten lassen sich Vorstellungen klären und Lösungen für Probleme finden. Die Beratung vor Ort hilft dabei. Welche Fragen im Mittelpunkt stehen, zeigt die Übersicht im Abschnitt „Checkliste für die Hofübergabe – Wichtiges im Überblick" am Ende dieses Heftes.

Bei der Hofübergabe sind vielfältige Fragen aus dem persönlichen, wirtschaftlichen, rechtlichen und steuerlichen Bereich zu klären. Das vorliegende aid-Heft versucht, Hilfestellungen bei der Entscheidung über die Fortführung des Unternehmens und bei der Durchführung der Hofübergabe zu leisten.

KANN DAS UNTERNEHMEN WEITERGEFÜHRT WERDEN?

Diese Frage greift tief in die Lebensbedingungen der landwirtschaftlichen Arbeitskräfte – vorwiegend der Familienmitglieder – ein. Eine fundierte Antwort erfordert eine rechtzeitige und genaue Betrachtung sowohl der wirtschaftlichen Situation des Unternehmens als auch der persönlichen Verhältnisse. Die Beratung kann hierbei wichtige Hilfestellungen leisten.

WIRTSCHAFTLICHE VORAUSSETZUNGEN

DER HOF – EINE EXISTENZGRUNDLAGE FÜR MEHRERE GENERATIONEN?

Aus den landwirtschaftlichen Einkünften bestreiten nicht nur die wirtschaftende Familie und die betrieblichen Arbeitskräfte ganz oder teilweise ihre privaten Ausgaben. Auch die baren und unbaren Altenteilsleistungen an die ältere Generation müssen abgedeckt werden.

In vielen Fällen leben drei, manchmal sogar vier Generationen von der Landwirtschaft.

Eine langfristige Existenzsicherung erfordert darüber hinaus die Bildung von Eigenkapital, um Tilgungen für die Rückzahlung von Darlehen und den notwendigen Eigenanteil bei der Finanzierung von Wachstumsinvestitionen erbringen zu können.

Die Verantwortlichen in jedem landwirtschaftlichen Unternehmen sollten also, bevor sie sich für eine Hofübergabe entscheiden, überprüfen, ob die langfristig verfügbaren Einkünfte ausreichen werden, die zu erwartenden Einkommensansprüche abzudecken.

WIE KÖNNEN EINKOMMEN UND VERMÖGEN LANGFRISTIG GESICHERT WERDEN?

Für viele Familien wird die Landwirtschaft auch zukünftig eine solide **Existenzgrundlage** bieten. Hierbei werden allerdings unternehmerisches Können und die ständige Anpassung an veränderte Rahmenbedingungen wichtiger denn je. Ansatzpunkte für die Sicherung einer langfristig positiven Entwicklung enthält die nachfolgende Tabelle 1.

Reichen die insgesamt verfügbaren Einkünfte nicht aus, die **Einkommensansprüche** der Familie zu decken, kommt es zu Eigenkapitalverlusten. Unter permanenten Vermögensverlusten und steigender Fremdkapitalbelastung leidet langfristig auch die Zahlungsfähigkeit. **Rechtzeitiges Gegensteuern** ist deshalb erforderlich!

Von einer **Hofübergabe** sollte aus wirtschaftlichen Gründen **Abstand genommen** werden, wenn
- nachhaltige Eigenkapitalverluste zu erwarten sind, z. B. weil die Schuldenlast im Vergleich zur betrieblichen Leistungsfähigkeit zu hoch ist,
- Umfang und Zustand der Gebäude oder Maschinen erhebliche Investitionen erfordern, deren Rentabilität nicht sichergestellt ist,
- eine Konsolidierung des Unternehmens auch bei Umstellung auf Zu- oder Nebenerwerb nicht möglich ist,
- eine Erweiterung bzw. Strukturanpassung nicht möglich ist (keine Flächenzupachtmöglichkeit etc.).

Im Fall der Betriebsaufgabe sind vielfältige finanzielle, rechtliche, steuerliche und versicherungsrechtliche Gesichtspunkte zu beachten. Eine unterstützende Beratung ist sehr zu empfehlen. Die erforderlichen **Daten zur Einschätzung der wirtschaftlichen Situation** liefert die Buchführung oder ggf. eine vereinfachte Aufzeichnung der Einnahmen und Ausgaben, des Standes des Fremdkapitals und der Höhe der vorhandenen Vermögenswerte. Wichtig ist dabei der Blick nach vorn: Veränderungen in der Agrarpolitik und auf den Agrarmärkten sowie steigende Unternehmeranforderungen müssen bei Zukunftskalkulationen ausreichend berücksichtigt werden. Von entscheidender Bedeutung sind das Engagement, die fundierte Ausbildung und der unternehmerische Weitblick der übernehmenden Person.

Tabelle 1: Herstellung einer positiven Betriebsentwicklung durch bewusste Festlegung von Zielen

Unternehmensbereich	Ansatzpunkte für die Zielfestlegung
Produktion	– Umfang der Produktion – produktionstechnisches Niveau – Vermarktungswege
Gemeinkosten	– Arbeitsverfassung – Methoden zum Kostenvergleich
Finanzierung	– Kontrollinstrumente – Aufbau einer Konkurrenzsituation zwischen mehreren Banken
Privatbereich	– Arbeitsvolumen und -verteilung – Einkommensanspruch – Einkommenszusammensetzung

Die Anforderungen an die wirtschaftliche Leistungsfähigkeit des Unternehmens hängen entscheidend davon ab, ob die Landwirtschaft langfristig alleinige Einkommensquelle sein soll. Je höher und sicherer das außerlandwirtschaftliche Einkommen sein wird, umso weniger muss im Unternehmen verdient werden. Auch ein Nebenerwerbsbetrieb ist aber als „Verlustquelle" langfristig nicht tragbar.

PERSÖNLICHE UND FAMILIÄRE VORAUSSETZUNGEN

WER ÜBERNIMMT SPÄTER DEN HOF?

Früher beantwortete sich diese Frage durch das Alter oder das Geschlecht der Kinder fast von selbst. Der Hofnachfolger wuchs bereits sehr frühzeitig in die Rolle des zukünftigen Übernehmers hinein, häufig bevor sich Interessen und Neigungen eigenständig entwickeln konnten.

Je schwieriger erfolgreiches Wirtschaften in der Landwirtschaft wird, umso mehr muss die **Entscheidung** zur Hofübernahme eindeutig **von der jüngeren Generation** ausgehen. Nur so wird sie Kreativität, Risikofreude und Engagement entfalten können. Dabei ist zu bedenken, dass durch die technische Entwicklung und die vielfältigen Möglichkeiten der Arbeitsorganisation heute für die Hofnachfolge gleichermaßen **Töchter und Söhne** in Frage kommen.

Wichtige **persönliche Voraussetzungen** für eine erfolgreiche Unternehmensführung sind:
● Interesse, Engagement, Führungseigenschaften,
● fundiertes fachliches Wissen und Können,
● Risikofreude, Kreativität und Entscheidungsfähigkeit,
● Bereitschaft zur Weiterbildung,
● gesundheitliche Eignung und
● Bereitschaft zur Zusammenarbeit mit Mitarbeitern und Partnern und Aneignung der dafür erforderlichen kommunikativen Fähigkeiten,
● Fähigkeit der Vermittlung und Vertretung betrieblicher Interessen (Geschäftspartner, Banken, Versicherungen, Nachbarn, Berufskollegen, Öffentlichkeit).

Einen Teil dieser Eigenschaften prägen die Eltern durch ihre Art der Heranführung an bestimmte Aufgaben entscheidend mit. Dazu gehört auch die Vermittlung einer positiven Sichtweise für die Tätigkeit als Landwirt oder Landwirtin. Die Lebensqualität auf den Höfen ist in vielerlei Hinsicht hoch, z. B. durch die Möglichkeit des familiären Zusammenlebens und Zusammenarbeitens oder der räumlichen Nähe von Arbeits- und Wohnort.

In Unternehmen mit guten wirtschaftlichen und personellen Perspektiven zehrt eine allgemeine, unbegründet pessimistische Stimmungslage bereits im Vorfeld der Übergabe wichtige Kräfte auf! Beachtenswert ist stets: Was für „die Landwirtschaft" zutreffend sein mag, gilt noch lange nicht für den einzelnen Hof.

WELCHE AUSBILDUNG IST FÜR DEN HOFNACHFOLGER/DIE HOFNACHFOLGERIN OPTIMAL?

Eine **fundierte Schul- und Berufsausbildung** ist eine Zukunftsinvestition von höchster Rentabilität. Das Absolvieren einer landwirtschaftlichen Lehre und der Besuch der Landwirtschaftsschule sind daher für zukünftige Leiter/-innen von Haupterwerbsbetrieben **unerlässlich.** Durch die berufliche Weiterbildung, z. B. den Besuch der Höheren Landbauschule, einer Meisterschule oder einer Hochschule, können darüber hinaus Kenntnisse vertieft, Netzwerke aufgebaut und wichtige weiter gehende Qualifikationen erworben werden; sie erleichtern ggf. auch eine berufliche Umorientierung.

Entscheidungsträger: die ältere Generation

Mühlhauser/landpixel.de

Entscheidungsträger:
die junge Generation

Mühlhausen/landpixel.de

Die Qualität der Ausbildung im Hinblick auf die spätere Unternehmensführung ist jedoch nicht nur eine Frage des Ausbildungsabschlusses. Wenn irgend möglich, sollte die nachfolgende Generation **Chancen** haben, auch **außerhalb des eigenen Unternehmens** tätig zu werden, z. B. durch eine längere Fremdlehre oder die Mitarbeit in anderen Unternehmen nach der Berufsausbildung. Auch Erfahrungen durch Auslandsaufenthalte wirken sich häufig positiv auf die Persönlichkeitsentwicklung aus.

Für **Nebenerwerbslandwirte** ist der zeitliche **Spielraum** für eine landwirtschaftliche Aus- und Fortbildung naturgemäß **geringer**. Vielerorts werden spezielle Weiterbildungsveranstaltungen angeboten. Diese sollten wahrgenommen werden, um wettbewerbsfähig wirtschaften zu können.

Nicht nur im Nebenerwerb gilt: Information und Austausch untereinander, **kooperatives Denken und Handeln** helfen bei der Lösung vieler Probleme und bieten die Grundlage für eine erfolgreiche Bewirtschaftung. Eine gute Ausbildung sollte Wert darauf legen, Erfahrungen und Kenntnisse auch in diesem Bereich sammeln und beurteilen zu können.

Für die Übernahme eines landwirtschaftlichen Betriebes, insbesondere außerhalb der Erbfolge, bieten verschiedene Bildungsträger **Seminare** an. Sie richten sich an die künftigen Bewirtschafter des Betriebes, teilweise auch an die Übergeber. Gegenstand dieser Seminare können Fragen der Persönlichkeitsbildung des künftigen Unternehmers, die Darstellung verschiedener Einstiegsmöglichkeiten, die Gestaltung des Übergabeprozesses sowie die Klärung von Fragen zur Rechtsform, zu Finanzierungs- und Fördermöglichkeiten sein.

Die Eltern sind in jedem Fall gut beraten, auch den **anderen Geschwistern** eine gute Berufsausbildung zu ermöglichen. Das erleichtert die spätere Gleichstellung mit der Hofübernehmerin/dem Hofübernehmer wesentlich.

Erfahrungen zeigen: Eine gute Ausbildung ist Gold wert. Wer nie einen anderen als den elterlichen Hof „von innen" gesehen hat, besitzt häufig nicht den notwendigen Horizont, um Reserven und Potenziale in der Führung des eigenen Unternehmens zu erkennen.

*Flexibilität in Rollen- und Aufgaben-
verteilung ist gefragt.*

Peter Meyer, aid

mit einem anderen Unternehmen. Nicht nur,
dass dadurch die Kosten der Arbeitserledigung gesenkt werden, die Kooperation bringt
zusätzlich deutliche Verbesserungen auf der
sozialen Seite. Auch durch die Aufgabe oder
Umstellung arbeitsintensiver Bereiche und die
richtige Schwerpunktsetzung und Aufgabener-
ledigung kann das Arbeiten effizienter werden.

Wichtig sind hierbei gute Vertragsgrundla-
gen. Wenn aus der Liebe zur Landwirtschaft
eine tagtägliche Überforderung wird, haben
alle Beteiligten das Nachsehen. Dies gilt insbesondere für die Familien in Neben- oder
Zuerwerbsbetrieben. Auch dort, wo bislang
im Vollerwerb gewirtschaftet wurde und sich
jetzt die junge Familie z. B. durch die Berufstätigkeit der Frau ein zweites Einkommens-
standbein erhält, sollte die **Betriebsorganisation angepasst** werden.

Die Gestaltung der Arbeitsabläufe muss wohl-
überlegt werden, insbesondere bei personellen
Veränderungen! Und: Wer wird es schon dem
Zufall überlassen, ob das, was er tut, nicht nur
wirtschaftlich sinnvoll, sondern auch körperlich
und geistig zu verkraften ist.

IST DIE ARBEITSWIRTSCHAFTLICHE
BELASTUNG TRAGBAR?

In der Zeit, in der zwei Generationen gemeinsam auf dem Hof wirtschaften, wird die
betriebliche Entwicklung häufig vorangetrie-
ben, z. B. durch umfangreiche Investitionen.
Hierbei darf nicht aus den Augen verloren
werden, dass die betriebliche Arbeitsorganisation langfristig auf die **Vorstellungen
und Möglichkeiten der jungen Generation**
ausgerichtet sein muss. Nach einem arbeits-
reichen Leben in der Landwirtschaft müssen
sich die Eltern zu gegebener Zeit auf das ver-
diente Altenteil zurückziehen können, ohne
dass die Nachfolgenden körperlich und see-
lisch überlastet werden.

Es gibt vielfältige Möglichkeiten, den **Arbeits-
aufwand an die besondere Familiensitua-
tion anzupassen**. Ein Beispiel hierfür ist die
überbetriebliche Zusammenarbeit mit dem
Maschinenring oder die direkte Kooperation

ZIEHT DIE FAMILIE AN EINEM STRANG?

In der Landwirtschaft leben in über 50 Prozent der Haushalte **drei oder mehr Generationen** zusammen. Ansprüche und persönliche
Ziele haben sich im Laufe der Jahrzehnte in
weiten Teilen stark geändert. In jeder Familie
sollten frühzeitig folgende Fragen offen ange-
sprochen werden:

Wie ist die finanzielle Situation des Unternehmens?

Nicht selten wurde dem Hofnachfolger erst bei der Übernahme „reiner Wein" eingeschenkt und die Fremdkapitalbelastung des Unternehmens dargestellt. Auch wenn das offene Wort manchmal sehr schwer fällt: Verantwortliches Handeln setzt voraus, dass frühzeitig die wirtschaftliche Situation und die Existenzchancen diskutiert werden. Rechtzeitige Weichenstellungen zahlen sich immer aus.

Werden Entscheidungen der jungen Generation akzeptiert?

Mit dem Zeitpunkt der Hofübergabe liegt die Verantwortung bei der übernehmenden Generation. Wenn die abgebenden Eltern diesen **Wechsel in (der) Verantwortlichkeit** tatsächlich bejahen, werden sie als Berater und Mitarbeiter höchst willkommen sein. Ein persönlicher Rückblick wird jedem Familienmitglied zeigen: Rollenvorstellungen unterliegen einem starken Wandel. Heute drückt sich dies beispielsweise in anderen Zielsetzungen der jungen Frauen aus. Die meisten Frauen sind berufstätig, wenn sie heiraten bzw. mit dem Partner zusammenziehen. Viele möchten ihren Beruf auch weiterhin ausüben. Nach herkömmlicher Meinung „gehört die Bäuerin auf den Hof". Viel wichtiger ist jedoch die persönliche Zufriedenheit; außerdem bietet das außerlandwirtschaftliche Einkommen eine spürbare finanzielle Entlastung. In schwierigen Zeiten für die Landwirtschaft kann dies nicht hoch genug eingeschätzt werden. Auch die Aufgabenverteilung innerhalb der jungen Familie ist heute häufig anders.

Übernimmt die junge Frau Arbeiten im landwirtschaftlichen Betrieb oder ist sie außerlandwirtschaftlich tätig, darf sie von ihrem Partner auch erwarten, dass er einen Teil der Haus- und Erziehungsarbeit übernimmt.

Wie soll gewohnt werden?

Der private Wohnbereich sollte so gestaltet sein, dass alle Bewohner des Hofes ausreichend Raum finden, um sich wohlfühlen zu können. Entsprechend den jeweiligen Vorstellungen, Interessen und Bedürfnissen müssen die vorhandenen Räume so zugeordnet und eingerichtet werden, dass ein harmonisches Miteinander möglich wird. Die Trennung der Wohnbereiche innerhalb eines Wohnhauses oder in verschiedenen Häusern ist heute der Regelfall. Achtung: Werden hierfür erst bei der Übergabe größere Investitionen vorgenommen, kann die betriebliche Entwicklungsmöglichkeit sehr eingeschränkt werden. Bei allen verständlichen Wünschen sollte die finanzielle

Getrennte Wohnbereiche sind für die Entfaltung und das Wohbefinden aller Bewohner eine wichtige Voraussetzung.

Leistungsfähigkeit des Unternehmens immer ausreichende Berücksichtigung finden.

Finden alle Beteiligten ihr Auskommen?
Dauerhafte Sorgen über die Sicherung des Einkommens belasten sehr. Häufig hilft schon das Aussprechen dieser Gedanken, um einen Einstieg in diese Thematik zu finden. Die abgebende Generation sollte für sich genau auflisten, in welchem Verhältnis Einkommensbedarf und verfügbare Einkünfte, z. B. aus Renten oder privater Vorsorge, zueinander stehen. Dies bildet dann die Grundlage für die Festsetzung der Altenteilsleistung. Auch mit den Geschwistern des Hofnach-

folgers bzw. der Hofnachfolgerin sollte hinsichtlich der Abfindungsansprüche frühzeitig gesprochen und Klarheit geschaffen werden. Näheres über mögliche Berechnungswege finden Sie auf den nachfolgenden Seiten dieses Heftes („Der Hofübergabevertrag" und in dem aid-Heft 1126 zur Altersvorsorge.).

Der familiäre Friede bedarf stets guter Pflege, besonders aber in Zeiten des Umbruchs wie bei der Hofübergabe. Das offene klärende Gespräch ist nicht immer leicht zu führen. Aber es ist der entscheidende Schritt auf dem Weg in eine gemeinsame Zukunft.

WIE KANN DIE HOFÜBERGABE GESTALTET WERDEN?

Der Übergang des Hofes von einer Generation zur anderen ist **auf verschiedenen Wegen** und in mehreren Schritten möglich. Es hängt von beiden Seiten ab, wie gut der Übergang gelingt, denn die **gesetzlichen Regelungen** lassen einen **Freiraum**, der durch vertragliche Vereinbarungen **ausgestaltet** werden kann. Dadurch lässt sich ein Ausgleich der Interessen unter den Beteiligten erreichen. Vor einer rechtlichen Beratung sollten die Beteiligten ihre Interessen und Ziele genau definieren.

WAS IST DURCH GESETZ GEREGELT?

Allgemein lässt sich sagen, dass die **gesetzlichen Regelungen** den Übergang des Hofes auf die nachfolgende Generation nur für den Erbfall, also den **Tod des Eigentümers**, vorsehen. Für die einzelnen **Bundesländer** gelten unterschiedliche Erbregelungen.

Den richtigen Weg muss jede Familie für sich selbst finden.

LANDWIRTSCHAFTLICHES SONDERERBRECHT

Das landwirtschaftliche Sondererbrecht verfolgt das Ziel, eine Zersplitterung bzw. Überschuldung landwirtschaftlicher Unternehmen im Erbgang zu verhindern und leistungsfähige Strukturen zu erhalten. In den Bundesländern Schleswig-Holstein, Hamburg, Niedersachsen und Nordrhein-Westfalen gilt für Betriebe ab 10.000 EUR Wirtschaftswert und gültiger Eintragung eines Hofvermerkes im Grundbuch (bei entsprechender Erklärung auch für Betriebe mit einem Wirtschaftswert von 5.000 EUR bis 10.000 EUR) die **Höfeordnung**, die als Bundesrecht nur in den vorgenannten Bundesländern gilt. In Baden-Württemberg, Hessen und Rheinland-Pfalz bestehen landesrechtliche Anerbengesetze, die jedoch bedeutend weniger Anwendung finden als die Höfeordnung.

Bei Anwendung der Höfeordnung geht der Hof im Erbfall als Ganzes auf einen Erben (Hoferben) über. **Hoferbe** ist in der Regel derjenige Abkömmling, dem vom Erblasser die Bewirtschaftung auf Dauer übertragen worden ist oder bei dem der Erblasser durch die Ausbildung oder Beschäftigung auf dem Hof hat erkennen lassen, dass er bzw. sie den Hof übernehmen soll. Ansonsten gilt je nach Region Ältesten- oder Jüngstenrecht. Der Erblasser kann den Hof bereits vor dem Erbfall im Wege der **vorweggenommenen Erbfolge** übergeben (Hofübergabevertrag).

Die **Miterben** (weichende Erben) haben gegen den Hoferben einen Abfindungs-

Peter Meyer, aid

anspruch in Geld. Dieser berechnet sich auf der Grundlage eines einheitswertabhängigen Hofeswertes. Nähere Regelungen sind auf den folgenden Seiten dargestellt.

Verkehrswert ...
ist der Wert, der bei einer jetzigen Veräußerung des Vermögensgegenstandes voraussichtlich zu erzielen wäre (genaue Definition siehe § 194 BauGB).

Hofeswert ...
ist in der Regel das 1,5-Fache des aktuellen Einheitswertes des gesamten Betriebes.

Ertragswert ...
ist der Gegenwartswert der zukünftigen Nettoerträge des Vermögensgegenstandes. Er ist in der Regel deutlich niedriger als der Verkehrswert.

VERERBUNG NACH DEM BÜRGERLICHEN GESETZBUCH

Bei allen Betrieben, die nicht der Höfeordnung oder einem Landesanerbenrecht unterliegen (Bayern und die östlichen Bundesländer), richtet sich die Erbfolge nach den **Bestimmungen des Bürgerlichen Gesetzbuches**. Es gelten die nachfolgend genannten **Grundsätze**.

Ist keine letztwillige Verfügung (Testament, Erbvertrag) vorhanden, so fällt der Hof beim Tod des Eigentümers allen Miterben entsprechend ihren **gesetzlichen Erbteilen** zu. Die Erbengemeinschaft ist gemeinsam Eigentümerin des gesamten Nachlasses und teilt diesen – entweder gütlich oder gerichtlich – **nach dem Verkehrswert** untereinander auf.

Auf **Antrag beim Landwirtschaftsgericht** ist nach dem Grundstücksverkehrsgesetz die **ungeteilte Zuweisung** des Hofes an einen Miterben der Erbengemeinschaft und die Abfindung der anderen Erben **auf der Basis des Ertragswertes** möglich. Oft sind allerdings die vom Gesetz geforderten Voraussetzungen für die Zuweisung nicht gegeben.

Der Erblasser kann durch Testament oder Erbvertrag anordnen, dass einer der Miterben den Hof als sogenanntes Landgut gem. § 2049 BGB erbt. In diesem Fall werden die Miterben auf der Basis eines niedrigeren Ertragswertes, der an die Stelle des sonst üblichen Verkehrswertes tritt (s. o.), abgefunden beziehungsweise an der Erbschaft beteiligt. Der Hof und die Anordnung durch den Erblasser müssen allerdings bestimmte Voraussetzungen erfüllen, um als Landgut anerkannt zu werden.

Da die gesetzlichen Vorschriften unzureichend sind, sollte der rechtzeitige Übergang des Hofes langfristig geplant und durch **Verträge** oder **erbrechtliche Verfügungen** vorbereitet werden. So kann im Zuge einer „gleitenden Hofübergabe" mit einem Pacht-, Gesellschafts-, Nießbrauchs- oder Wirtschaftsüberlassungsvertrag zunächst lediglich die Bewirtschaftung auf den Hofnachfolger bzw. die Hofnachfolgerin übertragen werden. Ein solcher Vertrag ist durch eine Verfügung von Todes wegen (Testament, Erbvertrag) oder später durch einen Hofübergabevertrag erbrechtlich abzusichern.

Es sollte die Regel sein, dass – unabhängig von den anzuwendenden erbrechtlichen Bestimmungen – der Eigentumsübergang vor Ableben des Hofvorgängers durch Abschluss eines Übergabevertrages vollzogen wird.

DER HOFÜBERGABEVERTRAG

WAS IST VERTRAGLICH ZU REGELN?

Der Hofübergabevertrag ist die **gebräuchlichste Form des Eigentumswechsels** in landwirtschaftlichen Unternehmen. Im Hofübergabevertrag werden die Vertragsbedingungen zwischen Hofabgeber und Hofübernehmer grundsätzlich frei gestaltet. Der Vertrag bedarf zu seiner **Wirksamkeit** der Beurkundung durch einen Notar, der Genehmigung des für den Hof zuständigen Landwirtschaftsgerichtes (im Bereich der Höfeordnung und landesrechtlicher Anerbengesetze) und des Grundstücksverkehrsausschusses sowie der Eintragung des „Eigentumswechsels" in das Grundbuch.

Vertragsgestaltung: Notar und Steuerberater sollten sich in speziellen Landwirtschaftsfragen auskennen.

Mühlhausen/landpixel.de

Beteiligte am Hofübergabevertrag

Der Hofübergabevertrag wird zwischen Übergeber und Übernehmer vor dem Notar geschlossen. Übergeber ist der oder sind die bisherigen Eigentümer; gibt es nur einen Eigentümer, so ist die Einwilligung des Ehegatten in aller Regel erforderlich. Vertragspartner als Hofübernehmer bzw. Hofübernehmerin ist in der Regel eines der Kinder der Übergebenden. Inwieweit auch der Ehegatte des Hofübernehmers/der Hofübernehmerin (Schwiegersohn/Schwiegertochter) eigenständig vertraglich einbezogen wird, bedarf vorab einer sorgfältigen Klärung. Der Ehegatte sollte auf jeden Fall die Gelegenheit erhalten, an allen Gesprächen und Verhandlungen teilzunehmen. Die weichenden Erben müssen am Abschluss des Hofübergabevertrages beteiligt werden, wenn ihre gesetzlichen Rechte und Ansprüche geändert werden sollen, z. B. wenn ein Verzicht auf ihren Pflichtteil erklärt werden soll. Grundsätzlich empfiehlt sich eine Einbeziehung der weichenden Erben, um frühzeitig Missverständnisse auszuräumen und spätere Streitigkeiten zu verhindern.

Bei der außerfamiliären Übergabe müssen einige besondere Aspekte geklärt werden. Diese betreffen vor allem die Wohnsituation und Versorgung der abgebenden Generation, die Abfindung der weichenden Erben und die Klärung des Übergabeprozesses. Eine Beschreibung der verschiedenen Gesichtspunkte findet sich im hinteren Teil des Heftes im Abschnitt „Phasen der Hofübergabe".

Übergabebestimmung

Mit ihr wird der Zeitpunkt des Übergangs des Eigentums am gesamten Hof, also an

- Grundstücken und Gebäuden,
- lebendem und totem Inventar, Vorräten,
- betrieblichen Forderungen und Verbindlichkeiten,
- Mitgliedschaften, Prämienrechten, Lieferrechten und
- bestehenden Versicherungsverträgen geregelt.

Die zu übergebenden Vermögensteile sollten, sofern sie zum Hof gehören, vertraglich aufgeführt und eindeutig benannt werden. Dies gilt insbesondere für wertvolles Inventar, z. B. antike Möbel, Autos, Rennpferde, die betrieblichen Lieferrechte sowie die privaten und betrieblichen Bankkonten. Werden Betriebsteile, z. B. Grundstücke, vom Übergeber zurückbehalten, ist zu klären, ob dadurch die Genehmigung nach dem Grundstückverkehrsgesetz oder nach der Höfeordnung berührt wird und welche steuerlichen und sozialrechtlichen Auswirkungen dies hat.

Altenteil

Bei den Versorgungsleistungen sind insbesondere zu regeln:

- das Wohnrecht mit Benennung des Gebäudes und der Zimmer sowie
- die Mitbenutzung gemeinschaftlicher Einrichtungen und Räume (z. B. Hausgarten, Keller),
- die Aufteilung der Nebenkosten des Wohnens, z. B. für Heizung, Strom- und Wasserversorgung, Müllabfuhr und Instandhaltung u. a.,
- die Vereinbarung über naturale Leistungen, z. B. an landwirtschaftlichen Erzeugnissen oder durch Beköstigung am gemeinsamen Tisch, wenngleich Naturalleistungen in Altenteilsvereinbarungen an Bedeutung verlieren und auch für das Verhältnis der Generationen belastend sein können,
- die Mitbenutzung des betrieblichen Fahrzeuges durch die Altenteiler im vereinbarten Umfang (sofern kein eigener PKW unterhalten wird),
- die Verpflichtung zur Pflege bei Krankheit und Gebrechlichkeit. Diese sollte durch entsprechende vertragliche Vereinbarung unbedingt auf das der ganzen Familie und dem Hofe Zumutbare begrenzt werden. Von der Pflegeversicherung werden Pflegekosten ganz oder teilweise übernom-

Peter Meyer, aid

Ansprüche und Wohnrecht der Altenteiler sind vertraglich zu klären.

men. Aufgrund von Höchstsätzen können
z. B. bei Heimunterbringung dennoch hohe
Kosten entstehen. Für den Fall einer dauernden Pflegebedürftigkeit sollte deshalb
die Übernahme der Kosten für eine besondere Pflegeperson oder die Unterbringung
in einem Alten- oder Pflegeheim begrenzt
oder ausgeschlossen werden. Im Notfall
werden so Sozialhilfeleistungen nicht völlig
ausgeschlossen; das Überleiten der Unter-
haltsansprüche auf die landwirtschaftliche
Familie wird ganz oder teilweise vermieden. Ist hier nichts schriftlich geregelt
worden, kann der Träger der Sozialhilfe
erreichen, dass die Ansprüche des Hilfe-
empfängers bis zur Höhe seiner Aufwendungen auf den Hofnachfolger übergehen.
Vertragliche Pflegeklauseln können z. B.
vorsehen, dass sich die Pflegeverpflichtung
auf die Pflegestufe 1 der sozialen Pflegeversicherung, auf die zumutbare häusliche
Pflege ohne professionelle Hilfe von außen
oder auf die Zeit der Anwesenheit auf dem
Betrieb beschränkt.
Möglich ist auch, von vornherein im Vertrag einen an die Leistungsfähigkeit des
Unternehmens angepassten Geldbetrag
als Ausgleich für die entfallende Pflegeverpflichtung zu vereinbaren, falls für
einen Altenteiler der Aufenthalt in einem
Alten- oder Pflegeheim erforderlich wird.
Im Übrigen kann auch ganz auf eine geson-
derte Vereinbarung von Hege und Pflege verzichtet werden; es gelten dann die
üblichen gesetzlichen Verpflichtungen aller
Kinder für ihre Eltern,

● die Vereinbarung einer Geldrente als Baraltenteil, ggf. mit einer Wertsicherungs-
klausel versehen, die sich am Umfang
der Rentenanpassung oder am Index der
Lebenshaltungskosten oder den Erzeu-
gerpreisen landwirtschaftlicher Produkte
anlehnt,

● für den Fall des Wegzugs vom Hof die Festlegung einer bestimmten Rente für Woh-
nung, Naturalleistungen und Pflege.

Abfindung weichender Erben

Im Hofübergabevertrag ist festzuhalten, welche Leistungen die weichenden Erben als
Abfindung erhalten sollen. Die Höhe der
Abfindung richtet sich zum einen nach dem
Anteil, den die weichenden Erben nach der
gesetzlichen Erbfolge erhalten würden, und
zum anderen nach dem Wert des Hofes (siehe übernächsten Abschnitt dieses Heftes).
Die Abfindung muss mindestens den gesetzlichen Pflichtteilsanspruch abdecken. Verzichten die weichenden Erben hierauf, so müssen diese ihren Verzicht in einer notariellen
Urkunde bzw. im Übergabevertrag erklären.
Soll von den gesetzlichen Vorschriften hinsichtlich der Nachabfindung bei späteren
Veräußerungen abgewichen werden, ist dies
ebenfalls im Einvernehmen mit den weichenden Erben zu regeln.

Rückübertragungsklausel

Für den Fall, dass der Hofübernehmer bei der
Übernahme noch alleinstehend ist, kann eine
Rückfallklausel für den Todesfall vereinbart
werden. Hiernach fällt der Hof wieder an die
Übergeberseite bzw. an Geschwister zurück,
wenn der Hofübernehmer kinderlos ver-
sterben sollte. In diesem Zusammenhang ist
unbedingt auf eine ausreichende Absicherung
des eingeheirateten Ehe- oder Lebenspart-
ners zu achten, damit eine Benachteiligung
verhindert werden kann. Derartige Vertrags-
klauseln sollten jedoch in ihrer Wirkung
genau bedacht werden, insbesondere auf den
einheiratenden Partner.

Peter Meyer, aid

Die Bemessung des Baranteiles muss beiden Seiten gerecht werden.

Spekulationsklausel

Für den Fall, dass der Hofübernehmer den Hof oder Teile davon innerhalb eines bestimmten Zeitraumes nach der Übergabe verkauft, kann die anteilige Herausgabe an den Übergeber und/oder die weichenden Erben vereinbart werden. Eine solche Klausel ist vor allem angebracht, wenn die Höfeordnung nicht gilt, denn dort ist die sogenannte „Nachabfindung" in § 13 gesetzlich geregelt.

Bei den Beratungen über den vorgesehenen Hofübergabevertrag sollten möglichst Juristinnen und Juristen mit näheren Kenntnissen des landwirtschaftlichen Rechtes gewählt werden. Gleiches gilt für die Wahl des Notars bei der späteren Vertragsbeurkundung. Auf der Grundlage vorliegender Erfahrungen können besser Vorschläge unterbreitet werden, welche Punkte im Hofübergabevertrag aus rechtlicher Sicht einer besonderen Regelung bedürfen. Unverzichtbar ist, dass die Beteiligten bereits vorweg bestimmte Fragen geklärt haben, z. B. die Höhe der tragbaren Altenteilsbelastung mit einer landwirtschaftlichen Beratungskraft oder

steuerliche Aspekte mit einem Steuerexperten bzw. einer Steuerexpertin.

Bei der Formulierung des Hofübergabevertrages herrscht Vertragsfreiheit; die eigenen Vorstellungen sollten also gut verwirklicht werden können. Oft wird den Vertragspartnern vom Notar zunächst ein Vertragsentwurf ausgehändigt, damit wichtige Regelungen ohne Zeitdruck überprüft und eventuelle Änderungen oder Ergänzungen vorgenommen werden können. Hierbei handelt es sich jedoch nur um Vorschläge, die auf die individuelle Situation angepasst werden müssen, was immer wieder unterbleibt.

IN WELCHER HÖHE DAS ALTENTEIL FESTSETZEN?

Die abgebende Generation hat nach langjähriger harter Arbeit auf dem Hof zweifellos das Recht auf eine gesicherte und angemessene Versorgung im Alter. **Wichtig:** Damit beide Seiten langfristig ihr Auskommen finden, muss das vereinbarte Altenteil vom Unternehmen nachhaltig tragbar sein! Je höher die Altenteilslasten, desto geringer sind auch die möglichen Abfindungen für die weichenden Erben. Wenn die Einkommenskapazität nicht für die Bewirtschaftung im Haupterwerb und ein vernünftig bemessenes Altenteil ausreicht, muss ggf. außerhalb des Betriebes hinzuverdient werden.

Im **ersten Schritt** sollten der **abgebende Landwirt** und die abgebende Bäuerin für sich zusammenstellen, welche Vereinbarungen aus ihrer Sicht **wünschenswert** sind. Während bei den naturalen Leistungen wie Wohnrecht oder Verpflegung häufig klare Vorstellungen bestehen, gibt es oft viele Fragen zur Höhe des Baraltenteils. Weiter hilft eine Gegenüberstellung von monatlichem Bedarf und monatlichen **Einkünften**.

Ein Beispiel: Walter und Ingrid Kruse haben ihr Unternehmen 35 Jahre im Vollerwerb bewirtschaftet. Nach der Betriebsabgabe werden sie im betrieblichen Altenteilerhaus wohnen und hierfür die verbrauchsabhängigen Kosten (z. B. Heizung, Strom) tragen. Sie beköstigen sich selbst. Die Eheleute Kruse wollen das Unternehmen nicht mehr als notwendig belasten (Tabelle 2).

Tabelle 2

Ermittlung des benötigten Baraltenteils (durchschnittliche Zukunftswerte)	Beispiel (Ehepaar)	eigene Werte	
Bedarf im Alter*			
Bare Lebenshaltungskosten	1.200 €/Mon.		€/Mon.
Wohnen (hier für Heizung, Strom, Wasser)	200 €/Mon.		€/Mon.
PKW	400 €/Mon.		€/Mon.
Private Versicherungen und Steuern	100 €/Mon.		€/Mon.
Sonstiges	100 €/Mon.		€/Mon.
= Summe	2.000 €/Mon.		€/Mon.
Verfügbare Einkünfte			
Altersrenten der Alterskasse	800 €/Mon.		€/Mon.
Renten aus der gesetzlichen Rentenversicherung	200 €/Mon.		€/Mon.
Miet-/Pachteinkünfte	–		€/Mon.
Kapitaleinkünfte aus privater Vorsorge	300 €/Mon.		€/Mon.
= Summe	1.300 €/Mon.		€/Mon.
Höhe des benötigten Baraltenteils	**700 €/Mon.**		**€/Mon.**

*) nur von den Altenteilern zu tragende Kosten, d. h. ohne Einrechnung des vom Übernehmer zu tragenden Anteils

Für die Zeit ab dem 65. Lebensjahr von Walter Kruse machen sie zur Ermittlung des Baraltenteils nachfolgende Rechnung auf.

Wichtig: Die Höhe des privaten Bedarfs im Alter kann sehr unterschiedlich ausfallen. So finden sich den Lebenshaltungskosten eines 2-Personen-Haushalts in der Praxis große Spannbreiten von 1.000 Euro/Monat bis deutlich über 2.000 Euro/Monat.

Bezieht die abgebende Generation noch keine Altersrente, da die Regelaltersgrenze noch nicht erreicht ist bzw. keine Erwerbsunfähigkeit vorliegt, kann zeitlich begrenzt bis zum Rentenbezug ein höheres Baraltenteil vereinbart werden. Für den Fall, dass **einer der beiden Altenteiler verstirbt**, kann der Vertrag ein reduziertes Altenteil vorsehen. Möglich ist auch, dass der abgebende Landwirt bis zum Renteneintritt einen Arbeitsvertrag mit der Übernehmerin/dem Unternehmer eingeht und bis dahin kein bzw. ein reduziertes Altenteil gezahlt wird. Oft sind hierbei auch sozialversicherungsrechtliche und steuerliche Gesichtspunkte maßgebend.

Im **zweiten Schritt** sollte die wirtschaftende junge Generation kalkulieren, ob das Altenteil insgesamt tragbar ist. Ausgehend vom nachhaltigen Gewinn des Unternehmens ist zu prüfen, ob der Betrieb den privaten Bedarf der jungen Familie, die Tilgungen, die erforderliche Eigenkapitalbildung für Wachstumsinvestitionen, das Altenteil und ggf. Abfindungen an die weichenden Erben tragen kann.

Zu beachten ist, dass bei Ausschöpfung des gesamten verfügbaren Betrages keine Reserven zur **Risikoabsicherung** (Unwägbarkeiten in den natürlichen und ökonomischen Rahmenbedingungen) angesammelt werden. Außerdem kann die Betriebsanpassung oder -entwicklung je nach veranschlagter Eigenkapitalbildung nur mit hohem Einsatz von Fremdkapital, d. h. mit erhöhtem Risiko, erfolgen. Alle an der Hofübergabe Beteiligten müssen diese Zusammenhänge in ihre Überlegungen einbeziehen.

Orientieren sich die Altenteilsleistungen und Erbabfindungen nicht an der **Belastbarkeit** des Unternehmens und kommt es auch nach Überprüfung unterschiedlicher Szenarien zu einer **Überforderung**, muss geprüft werden, ob

● Altenteiler oder weichende Erben bereit und in der Lage sind, auf einen Teil ihrer Forderungen zu verzichten,
● durch eine Entschuldung eine tragbare Basis für eine Hofübergabe gefunden werden kann,
● das Unternehmen unter diesen Bedingungen überhaupt weitergeführt werden soll.

Erfahrungen aus der Beratung zeigen: Die ältere Generation überschätzt nicht selten die Zukunftsfähigkeit ihres Unternehmens. Nicht selten befindet sich die junge Generation in einer schwierigen, oftmals persönlich sehr belastenden Situation zwischen „Wollen und Können". Einerseits möchte sie allen Erwartungen gerecht werden, andererseits erkennt sie die Risiken der Zukunft. Auch hier hilft das offene Gespräch zwischen den Generationen; die Beratung unterstützt dabei.

Eine rechtzeitige private Zusatzvorsorge zur Alterssicherung (z. B. durch Geldanlage am Kapitalmarkt, Kapitallebensversicherung oder private Rentenversicherung, Immobilien)

Übersicht 1

Ermittlung des tragbaren Baraltenteils des Unternehmens (in Zukunft durchschnittlich zu erwartende Werte)	Beispiel	Eigene Werte
Gewinn des Unternehmens	80.000 €	
+ sonstige laufende Einkünfte/Einlagen	/	
= **GESAMTEINKOMMEN**	**80.000 €**	
− Tilgung bestehender Kredite	5.000 €	
− Ggf. Tilgung neuer Verbindlichkeiten	2.000 €	
− Eigenkapitalbildung für Nettoinvestitionen	15.000 €	
− Privatentnahmen der Hofnachfolgerfamilie	48.000 €	
− private Vermögensbildung und Alterssicherung der Hofnachfolgerfamilie	2.000 €	
− Zahlungen an weichende Erben	/	
= **(max.) VERFÜGBARER BETRAG FÜR DAS BARALTENTEIL**	**8.000 €**	

kann das Unternehmen erheblich entlasten und damit zur Existenzsicherung beitragen. Allerdings wird dem Betrieb hierdurch Kapital entzogen, daher sollte jede Familie vorher ihre Altersvorsorgestrategie klären:

a) Gewinnsteigerung durch Konzentration auf die Betriebsentwicklung mit späterer höherer Altenteilszahlung aus dem Betrieb oder

b) Aufbau einer ergänzenden privaten Altersvorsorge und niedrigerer betrieblicher Altenteilsleistung.

Bei einer privaten Zusatzvorsorge ist es wichtig
- frühzeitig zu beginnen,
- an die Möglichkeiten des Unternehmens anzupassen,
- flexibel und rentabel durchzuführen.

Jede Familie sollte sich von unabhängiger Seite über ihre Möglichkeiten beraten lassen. Den darin enthaltenen Rechenweg zur Ermittlung des Zusatzbedarfs für die Rente finden Sie auch auf der **kostenlosen Internetseite** www.aid.de/landwirtschaft/rentenrechner/index.php.

Zur **Absicherung** wird das vereinbarte Altenteil in der Regel im **Grundbuch** des Hofes zugunsten der Altenteiler eingetragen. Je nach Höhe und Bedeutung des Altenteils kann auch nur ein Teil des Hofes belastet werden, um die Handlungsfreiheit des Hofübernehmers nicht übermäßig einzuschränken. Dies kann an erster Stelle, rangbereitester Stelle oder unter Rangvorbehalt in einer bestimmten Höhe erfolgen. Wichtig: Kapitalisiert man den Wert des Altenteils, so ergeben sich zumeist Beträge in sechsstelliger Höhe! Der Beleihungsrahmen aus Sicht der Banken wird durch erstrangige Sicherung des Altenteils deutlich eingeschränkt.

Es ist wichtig, rechtzeitig klare Entscheidungen zu treffen. Wenn Lösungen verschoben werden, trägt letztlich der Übernehmer das Risiko bzw. die Konsequenzen.

Tabelle 3

Überschlagsmäßige Berechnung von Verkehrswert und Ertragswert			
Bewertung durch Ermittlung des voraussichtlich erzielbaren Veräußerungsbetrages		**Bewertung durch Kapitalisierung des Reinertrages**	
1. Boden	240.000 €	Roheinkommen abzüglich Pacht	35.000 €
2. Wirtschaftsgebäude	100.000 €	abzüglich Entgelt für	
3. Maschinen	60.000 €	Arbeitsleistung (Lohnansatz)	25.000 €
4. Vieh	50.000 €	Reinertrag (bereinigt)	10.000 €
5. Beteiligungen, Bestand an Vorräten und Umlaufvermögen	25.000 €	mal Kapitalisierungsfaktor 18*)	180.000 €
6. Wert des Wohnhauses	125.000 €	plus Wohnwert des Wohnhauses	60.000 €
Verkehrswert des Betriebes (Summe 1 bis 6)	**600.000 €**	**Ertragswert des Betriebes = Hofesvermögen**)**	**240.000 €**

) Kapitalisierungsfaktoren können aufgrund gesetzlicher Vorschriften auch die Faktoren 17, 20 oder 25 sein. Der Faktor 18 unterstellt 5,5 Prozent Verzinsung des Kapitals.

**) Bei Höfen im Sinne der Höfeordnung ist grundsätzlich der 1,5-fache Einheitswert als „Hofeswert" zugrunde zu legen.*

WIE WERDEN DIE WEICHENDEN ERBEN ABGEFUNDEN?

Bei der Diskussion über die Erbabfindung sollte die Familie von folgenden **Überlegungen** ausgehen:

- Grundsätzlich soll die Abfindung diejenigen Kinder, die den Hof verlassen, und das Kind, das den Hof übernimmt, gerecht berücksichtigen.
- Ein auch in Zukunft gewinnbringend bewirtschaftbares landwirtschaftliches Unternehmen darf nicht als Vermögen betrachtet werden, das der übernehmende Sohn/die übernehmende Tochter erhält und verbrauchen kann, sondern als zukünftiger Arbeitsplatz. Für die Abfindung ist daher grundsätzlich der Ertragswert bzw. der Hofeswert zugrunde zu legen und nicht der Verkehrswert. Die nachfolgende

Gegenüberstellung zeigt am Beispiel, dass Ertrags- und Verkehrswert deutlich voneinander abweichen können.

- Bei der Festsetzung der Abfindung sollten die Leistungsfähigkeit des Unternehmens sowie der Bedarf der Altenteiler und der Hofübernehmer ausreichende Berücksichtigung finden.
- Bei Abfindungen unterhalb des gesetzlichen Pflichtteils können weichende Erben Ansprüche gegenüber dem Hoferben geltend machen.
- Eine frühzeitige Regelung und das offene Gespräch über Fragen der Abfindung fördern den Frieden in der Familie.

Bei der Diskussion um die Vereinbarung einer **angemessenen Erbabfindung** sind **zugunsten des Übernehmers** zu berücksichtigen:

- die am Tag der Übergabe auf dem Unternehmen lastenden Verbindlichkeiten,
- der Wert des Altenteils und eine etwaige Unterkunft für Geschwister,
- Leistungen, die die Geschwister bereits vorab erhalten haben, z. B. in Form von Geldleistungen, eines Baugrundstücks oder einer überdurchschnittlich teuren Ausbildung.

Andererseits sollte **zugunsten der Geschwister** auch deren erbrachte Arbeitsleistung für das landwirtschaftliche Unternehmen ausreichend gewürdigt und richtig bewertet werden.

Die Höhe der Abfindung wird vom Hofübergeber unter Beteiligung der Betroffenen stets im **Übergabevertrag** festgelegt. Sie sollte so hoch sein, dass der Hofübernehmer damit von eventuellen Pflichtteilsansprüchen weichender Erben freigestellt wird. Bestimmten nahen Angehörigen des Erblassers, insbesondere den Kindern, steht im Erbfall ein

Pflichtteil in Höhe der Hälfte des Wertes des gesetzlichen Erbteils zu. Um Streit über die Pflichtteilsansprüche zu vermeiden, sollten die abgefundenen weichenden Erben – notariell – einen Verzicht, der auch den Pflichtteilsanspruch einschließt, erklären.

Welcher Wert des Hofes zur **Feststellung des Wertes des gesetzlichen Erbteils** dient, richtet sich danach, ob der Hof nach einem Sondererbrecht für landwirtschaftliche Betriebe oder nach dem allgemeinen Erbrecht des BGB vererbt wird. Im Bereich der **Höfeordnung** gilt als Hofeswert das 1,5-Fache des zuletzt festgestellten steuerlichen Einheitswertes. Bei besonderen Umständen des Einzelfalls können Zu- oder Abschläge vorgenommen werden. Der Bundesgerichtshof hält – so ein Urteil aus dem Jahr 2000 – eine Erhöhung des Abfindungsanspruchs für geboten, da die Einheitswerte jahrzehntelang nicht angepasst wurden.

Von diesem **Hofeswert** werden die Nachlassverbindlichkeiten, die der Hoferbe allein

Haus, Grundstück, Studium: Frühere Leistungen an weichende Erben sind zu berücksichtigen.

Friedberg / Fotolia.com

Die Abfindung mit Grundstücken kann steuerlich von Vorteil sein.

Peter Meyer, aid

Im Bereich **landesrechtlicher Anerbengesetze und auch bei der Vererbung als
Landgut im Rahmen des BGB** wird das
gesetzliche Erbteil ebenfalls auf der Basis des
Ertragswertes des Hofes ermittelt. Es bestehen unterschiedliche Vorgaben hinsichtlich
des Kapitalisierungsfaktors in den einzelnen
Bundesländern.

Frühere Zuwendungen (z. B. Bargeld, Grund-
stücke) vom Erblasser müssen sich weichende
Erben auf ihren Abfindungsanspruch in der
Regel anrechnen lassen.

Im Hofübergabevertrag ist festzuhalten, zu
welchem **Zeitpunkt** die Abfindungen an die
weichenden Erben **geleistet werden**. Bei
höheren Beträgen kann der Übernehmer in
der Regel in Raten zahlen.

Für minderjährige oder noch in Ausbildung
stehende Geschwister des Übernehmers kann
ein zeitlich begrenztes **Wohnrecht** eingeräumt werden.

Sollte der Übernehmer/die Übernehmerin das
Unternehmen innerhalb eines bestimmten
Zeitraums nach der Übergabe als Ganzes oder
wesentliche Teile davon **veräußern**, sehen
die Höfeordnung (§ 13 HöfeO), die landes-
rechtlichen Anerbengesetze sowie das Grundstückverkehrsgesetz im Zuweisungsverfahren
Nachabfindungsansprüche der weichenden

zu tragen hat, abgezogen. Der verbleibende
Betrag, jedoch mindestens ein Drittel des
Hofeswertes, ist als Abfindungssumme auf
die einzelnen Miterben je nach der Höhe
ihres gesetzlichen Erbteils nach dem allgemeinen Erbrecht des BGB zu verteilen, wobei der
Hoferbe mit seinem gesetzlichen Erbteil mit-
gerechnet wird, wenn er zu den Erben gehört.

Aufgrund der unklaren Rechtslage ist es
unbedingt erforderlich, die weichenden
Erben bei den Übergabeverträgen zu beteili-
gen und mit ihnen klare Regelungen zu vereinbaren. Nur so lassen sich Streitigkeiten
über die Höhe einer angemessenen Abfindung vermeiden.

Erben vor. Bei Reinvestition des Verkaufserlöses in das Unternehmen kann die Verpflichtung zur Nachabfindung unter bestimmten Voraussetzungen (gleichwertiger Ersatzerwerb) entfallen. War die Veräußerung von Grundstücken zum Erhalt des Hofes erforderlich, so sieht die Höfeordnung keine Nachabfindungsansprüche vor.

Die Auslegung der Nachabfindungsansprüche in der Rechtsprechung ist kompliziert und umstritten. Um einerseits dem Hofnachfolger den notwendigen Anpassungsspielraum bei der Betriebsentwicklung zu erhalten und andererseits spätere Streitigkeiten zwischen den Erben zu vermeiden, sollten der Umfang und der Geltungsbereich einer **nachabfindungsfreien Reinvestitionsmöglichkeit** eindeutig formuliert und in den Vertrag aufgenommen werden. Eine entsprechende, sinnvoll beschränkte Klausel empfiehlt sich insbesondere außerhalb des Geltungsbereiches des landwirtschaftlichen Sondererbrechts.

Durch die Verknüpfung landwirtschaftlicher Betriebe mit gewerblichen Betriebszweigen im Bereich der Erneuerbaren Energien (Fotovoltaik, Biogas, Windkraft usw.) ergeben sich neue Rechtslagen, deren Ausgestaltung sich durch Gerichtsurteile in fortlaufender Entwicklung befindet.

Die Abfindung der weichenden Erben ist eine zentrale Frage der Hofübergabe. In Abhängigkeit von der geplanten Entwicklung des Unternehmens ist eine gerechte Abfindungslösung zu suchen. Die Wahrung der Interessen aller Beteiligten schafft die Voraussetzungen für dauerhaften sozialen Frieden.

WELCHE STEUERLICHEN AUSWIRKUNGEN ERGEBEN SICH?

Vermögensübergang

Bei Fortführung des landwirtschaftlichen Unternehmens ergeben sich durch den Vermögensübergang im Regelfall keine zusätzlichen Einkommenssteuerzahlungen. Werden allerdings wesentliche Teile des Betriebes zurückbehalten, dann können durch die Besteuerung des Entnahmegewinnes (Unterschiedsbetrag zwischen dem Buchwert und dem aktuellen Verkehrswert) höhere Belastungen entstehen.

Abfindung weichender Erben

Die Abfindung der weichenden Erben mit Grundstücken stellt ebenfalls eine Entnahme aus dem Betriebsvermögen dar.

Altenteilsleistungen

Die Altenteilsleistungen des Übernehmers sind steuerlich als Sonderausgaben abzugsfähig, sofern sie insgesamt als „dauernde Lasten" anerkannt werden. Um dies für den Barteil sicherzustellen, sollte der Übergabevertrag eine Klausel enthalten, die es ermöglicht, die vereinbarten Geldleistungen bei wesentlicher Änderung der wirtschaftlichen und familiären Situation anzupassen. Gilt das Altenteil steuerlich als „Leibrente", so wird nur der Ertragsanteil beim Unternehmer steuerlich berücksichtigt. Für Natural- und Sachleistungen werden im Allgemeinen die Werte der Sachbezugsverordnung angesetzt. Probleme können sich ergeben, wenn die Altenteiler oder die Betriebsleiterfamilie in ein Wohnhaus einziehen, das steuerrechtlich noch zum Betriebsvermögen gehört. Beim Übergeber sind die Altenteilsleistungen als sonstige Einkünfte aus wiederkehrenden Leistungen in

Innerhalb der Familie ist auch die gleitende Übergabe bei gemeinsamer Bewirtschaftung möglich.

on, Betriebstyp und Betriebsgröße gelten jedoch gesetzliche Mindestwerte, die nicht unterschritten werden dürfen.

Der Wohnteil (Betriebsleiter- und Altenteilerwohnung) und die Betriebswohnungen (Arbeitnehmer oder deren Hinterbliebene) werden in der Regel mit dem Vergleichswert oder evtl. im Sachwertverfahren bewertet.

- **Nachbewertungsvorbehalt**
  Werden innerhalb von 15 Jahren nach der Hofübernahme größere Flächen oder der gesamte Betrieb veräußert, ohne dass kurzfristig eine Reinvestition in landwirtschaftliches Vermögen erfolgt, kann dies eine Nachbesteuerung auslösen.

- **Verschonungsregelungen für Betriebsvermögen**
  Sofern nichts anderes beantragt wird, bleibt unter bestimmten Voraussetzungen das Betriebsvermögen mit 85 % steuerfrei; für den steuerpflichtigen Anteil von 15 % kann eine zusätzliche Freigrenze von bis zu 150.000 € in Anspruch genommen werden. Voraussetzung ist u. a., dass eine Behaltefrist von fünf Jahren eingehalten wird.
  Der Erbe/Beschenkte kann im Erwerbszeitpunkt beantragen, das Unternehmensvermögen zu 100 % steuerfrei zu stellen. Das Unternehmen muss dann u. a. sieben Jahre weitergeführt werden.
  Bei beiden Modellen gelten in Betrieben mit mehr als zwanzig fest beschäftigten Arbeitnehmern spezielle Anforderungen an die Lohnsummenentwicklung.

voller Höhe zu versteuern. Jedoch fällt – wenn nicht weitere steuerpflichtige Einkünfte hinzukommen – wegen der den Altenteilern zustehenden Freibeträge in der Regel keine oder nur eine geringe Einkommensteuer an.

Grunderwerbsteuer

Die Hofübergabe zwischen Verwandten in gerader Linie ist ebenso wie die Übergabe an den Ehegatten frei von Grunderwerbsteuer.

Erbschaft- und Schenkungsteuer

Die Erbschaft-/Schenkungsteuer wurde 2009 neu geregelt. Für Hofübergaben sind insbesondere folgende Punkte wichtig:

- **Vermögensbewertung**
  Der Wirtschaftsteil des Betriebes wird mit dem sogenannten gemeinen Wert (= Wirtschaftswert) bewertet, d. h. es wird die nachhaltige Ertragsfähigkeit des Betriebes zugrunde gelegt. Differenziert nach Regi-

Der Bundesfinanzhof (BFH) hält zahlreiche Begünstigungen von Unternehmen bei der

Tabelle 4: Steuerklassen und Freibeträge bei der Erbschaft-/Schenkungsteuer

Steuerklasse	Erwerber/-in	Allgemeiner Freibetrag*)
I	Ehepartner	500.000 Euro
	Kinder und Stiefkinder	400.000 Euro
	Kinder der Kinder und Stiefkinder (Enkel)	200.000 Euro
	übrige Personen der Steuerklasse I (z. B. Eltern bei Erwerb von Todes wegen)	100.000 Euro
II	Geschwister, Nichten, Neffen, Schwiegereltern, -kinder, Stiefeltern, geschiedener Ehegatte	20.000 Euro
III	eingetragener Lebenspartner/eingetragene Lebenspartnerin alle übrigen Erwerber (z. B. Lebensgefährte/-gefährtin)	500.000 Euro 20.000 Euro

) Weitere Freibeträge gibt es für Hausrat, andere persönliche Gegenstände und einen Versorgungsfreibetrag (siehe beispielsweise aid-Heft 1247 „Besteuerung der Land- und Forstwirtschaft").

Tabelle 5: Steuersätze bei der Erbschaft-/Schenkungsteuer

Wert des steuerpflichtigen Erwerbs bis einschließlich ... Euro	Prozentsatz in der Steuerklasse		
	I	II	III
75.000	7	15	30
300.000	11	20	30
600.000	15	25	30
6.000.000	19	30	30
13.000.000	23	35	50
26.000.000	27	40	50
über 26.000.000	30	43	50

Erbschaftsteuer für verfassungswidrig und hat das Erbschaftsteuergesetz im Jahr 2012 dem Bundesverfassungsgericht zur Prüfung vorgelegt.

Bei der Steuerberechnung können weitere persönliche Freibeträge abgezogen werden. Der prozentuale Steuersatz richtet sich nach dem Verwandtschaftsverhältnis (Steuerklasse I-III) und dem Wert des steuerpflichtigen Erwerbs.

Umsatzsteuer

Die Hofübergabe unterliegt im Rahmen der vorweggenommenen Erbfolge grundsätzlich nicht der Umsatzbesteuerung.

Eine noch vom Übergeber eingegangene Option zur Regelbesteuerung (z. B. anlässlich größerer Investitionsmaßnahmen) ist vom Hofnachfolger bis zum Ablauf der Bindungsfrist fortzusetzen. Probleme können entstehen, wenn der Betrieb bereits vor der Hofübergabe verpachtet oder in eine Gesellschaft eingebracht war.

Damit alle steuerrechtlichen Aspekte ausreichend berücksichtigt werden, sollte rechtzeitig vor Abfassung des Hofübergabevertrages ein Steuerberater/eine Steuerberaterin hinzugezogen werden.

WELCHE KOSTEN ENTSTEHEN BEI DER HOFÜBERGABE?

Die Kosten der notariellen Beurkundung des Hofübergabevertrages und der Änderungseintragung im Grundbuch leiten sich aus dem sogenannten Geschäftswert ab. Ausgangspunkt hierfür ist nach § 19 Abs. 4 Kostenordnung der Bundesnotarkammer der vierfache Einheitswert des übertragenen Betriebes. Die Ansetzung der Gebühren sollte mit dem Notar vorher besprochen werden. Je nach Geschäftswert ergeben sich Gesamtkosten von 2.000 – 5.000 Euro.

GLEITENDE HOFÜBERGABE DURCH VERPACHTUNG, ARBEITS- ODER GESELLSCHAFTSVERTRAG

Ein Hof soll möglichst **harmonisch und problemlos** von Generation zu Generation weitergegeben werden. Mit einer „gleitenden Hofübergabe" werden die Zeiten des gemeinsamen Wirtschaftens beider Generationen auf dem landwirtschaftlichen Betrieb in eine **verbindliche Form** gebracht. Der Hofnachfolger/die Hofnachfolgerin soll langsam in die Unternehmensleitung hineinwachsen und mitverantwortlich wirtschaften. Die gleitende Hofübergabe fördert die unternehmerischen Fähigkeiten der nachfolgenden Generation, ohne dass die ältere Generation vorzeitig die Verfügungsbefugnis über den Hof verliert. Sie bereitet die endgültige Betriebsabgabe durch den Hofübergabevertrag vor. Sie darf jedoch nicht dazu führen, dass eine eigentlich anstehende Hofübergabe unnötig hinausgezögert wird.

Grundsätzlich sind folgende vertragliche **Gestaltungsmöglichkeiten** denkbar:
- der Arbeitsvertrag,
- der Gesellschaftsvertrag,
- die Verpachtung des Betriebes.

Darüber hinaus kann der Hofnachfolgerin oder dem Hofnachfolger die eigenständige Leitung eines Betriebes, der durch Betriebsteilung oder durch Neugründung entsteht, übertragen werden.

Bei der Auswahl der richtigen Gestaltungsform sollten die Zielsetzungen und persönlichen Neigungen der übernehmenden Generation unbedingt beachtet werden.

ARBEITSVERTRAG

Der Arbeitsvertrag begründet ein **Arbeitgeber-Arbeitnehmer-Verhältnis** zwischen dem Eigentümer des landwirtschaftlichen Unternehmens und dem Hofnachfolger/ der Hofnachfolgerin. Er/Sie arbeitet im Auftrag des Unternehmers und erhält dafür ein Arbeitsentgelt. Möglich ist auch eine weiter gehende Aufgabenteilung im Betrieb, sodass weitgehend **eigenverantwortliche Arbeitsbereiche** entstehen können.

Die Renten- und Arbeitslosenversicherungspflicht von mitarbeitenden Familienangehörigen in der Landwirtschaft beginnt erst bei einem um rund 50 Prozent über der Geringfügigkeitsgrenze liegenden Bruttoarbeitsverdienst. Der aktuelle Wert kann bei den Sozialversicherungsstellen oder den örtlichen Beratungsstellen erfragt werden.

GESELLSCHAFTSVERTRAG

Durch diesen Vertrag wird der Hof in eine gemeinsam von beiden Generationen bewirtschaftete Gesellschaft eingebracht. Der Hofnachfolger wird zum Mitunternehmer, erhält **mehr Rechte** bei der Unternehmensführung, wird aber auch hinsichtlich seiner **Pflichten stärker gefordert.**

Überwiegende Rechtsform ist die Gesellschaft bürgerlichen Rechts (GbR). Der **Gesellschaftsvertrag sollte** u. a. feste Vereinbarungen **enthalten** über

● die von den Vertragspartnern eingebrachten Wirtschaftsgüter, Finanzmittel sowie über die eingebrachte Arbeitsleistung,
● die Geschäftsführung,
● die Gewinn- und Verlustverteilung,
● Kündigungs- und Auflösungsmöglichkeiten.

Der Vertrag sollte sorgfältig formuliert werden und wichtige steuerliche Gesichtspunkte berücksichtigen.

Auch die Kommanditgesellschaft (KG) kann in besonderen Konstellationen, bei denen die Verantwortlichkeiten ungleich verteilt werden sollen, die richtige Gesellschaftsform sein (siehe auch aid-Heft 1147 „Rechtsformen landwirtschaftlicher Unternehmen").

VERPACHTUNG DES UNTERNEHMENS

Durch den Abschluss eines Pachtvertrages wird der vorgesehene Hofnachfolger **selbstwirtschaftender** Unternehmer, der das Unternehmen selbstständig auf eigene Rechnung und auf eigenes Risiko führt. Die Eltern bleiben weiterhin Eigentümer des Hofes.

In den meisten Fällen werden Pachtverträge zwischen Eltern und Hofnachfolgern in **Form der eisernen Verpachtung** geschlossen. Das bedeutet, dass der Pächter das Inventar des Betriebes zum Schätzwert übernimmt und sich verpflichtet, dieses bei Beendigung der Pacht wieder mit dem Schätzwert an den Verpächter zurückzugeben. Die Rückgabepflicht entfällt aber in der Regel durch die spätere Hofübertragung ersatzlos.

Bei der **schlichten Verpachtung** vermindert sich demgegenüber der Wert des Verpächter-Inventars im Laufe der Pachtzeit. Da dies zulasten des Verpächters geht, wird dieser als Wertausgleich eine höhere Pacht fordern müssen.

Die **steuerliche Anerkennung** von Pachtverträgen zwischen Familienangehörigen setzt voraus, dass schriftliche Vereinbarungen getroffen werden, wie sie auch unter Fremden üblich sind. Ein „verunglückter" Pachtvertrag bringt steuerlich erhebliche Nachteile.

Für die Umsatzsteuer gilt: Flächen- und Gebäudepacht sind umsatzsteuerfrei, Pachtanteile für totes und lebendes Inventar, Betriebsvorrichtungen und Lieferrechte unterliegen der Umsatzsteuer. Verpächter können sich durch die sogenannte Kleinunternehmerregelung steuerfrei stellen lassen, wenn der auf das Kalenderjahr bezogene steuerpflichtige Bruttoumsatz zuzüglich Umsatzsteuer im vorangegangenen Kalenderjahr 17.500 EUR nicht übersteigt.

Falls die umsatzsteuerpflichtigen Pachteinkünfte 17.500 EUR überschreiten, können durch Abschluss eines Hofübergabevertrages Umsatzsteuerzahlungen vermieden werden.

Tabelle 6: Vergleich verschiedener Möglichkeiten der „gleitenden Hofübergabe"

Bereich	Arbeitsvertrag	Gesellschaftsvertrag	Verpachtung
Einkommen des Hofnachfolgers	Arbeitsentgelt je nach Alter, Ausbildung, wirtschaftlicher Situation und evtl. Gewinnbeteiligung	Je nach vereinbarter Gewinnaufteilung	Je nach vereinbarter Gewinnsituation des Unternehmens (nach Abzug der Pachtausgaben)
Beteiligung an der Betriebsführung	Je nach Aufgabenteilung – auf eigenständige Bereiche achten	Weitgehende Rechte in der Betriebsführung und Vertretung nach außen	Übernahme der Unternehmensführung
Auflösungsmöglichkeit	Unproblematisch innerhalb bestimmter Kündigungsfristen	Innerhalb bestimmter Fristen, evtl. Auszahlung eingeflossener Gewinnanteile	Je nach Pachtdauer und festgelegter Kündigungsfrist
Soziale Absicherung des Hofnachfolgers	Gesetzliche Renten- und Arbeitslosenversicherung, Krankenkasse	Landwirtschaftliche Alters- und Krankenkasse für beide Gesellschafter	Landwirtschaftliche Alters- und Krankenkasse
Steuerliche Aspekte	Gewinnminderung durch Lohn- und Sozialabgaben (Betriebsausgaben)	Minderung der Steuerprogression durch Gewinnaufteilung (2-fache Freibeträge)	Gewinnminderung durch Abzug der Pachtausgaben, landw. Freibeträge, evtl. Steuerermäßigungsbetrag ACHTUNG: Verpächter zahlt Umsatzsteuer auf Pachteinnahmen, wenn bestimmte Umsatzgrenzen überschritten sind

Zusammenfassend sind in der vorstehenden Übersicht die wesentlichen Unterschiede zwischen den verschiedenen Möglichkeiten der gleitenden Hofübergabe aufgezeigt.

Bei örtlichen Beratungskräften z. B. der Landwirtschaftskammern, Landwirtschaftsämter oder des Bauernverbandes liegen teilweise Musterverträge vor. Die Besonderheiten des Einzelfalles müssen jedoch sorgfältig geprüft und maßgeschneiderte Lösungen entwickelt werden.

TESTAMENT UND ERBVERTRAG

Die gesetzliche Erbfolge nach Höfeordnung oder nach Bürgerlichem Gesetzbuch stellt nicht immer sicher, dass der Hof so vererbt wird, wie sich dies die Hofübergeber im Einzelnen vorstellen. Während durch einen Hofübergabevertrag bereits zu Lebzeiten eine eindeutige Regelung erfolgt, sollte **bei gleitender Hofübergabe** durch Verpachtung, Gesellschafts- oder Arbeitsvertrag unbedingt gleichzeitig **eine Erbfolgeregelung** durch Testament oder Erbvertrag vorgenommen werden. Zur Absicherung des einheiratenden Ehegatten sollte überlegt werden, ob durch einen **Ehevertrag** für den Scheidungs- oder Todesfall ergänzende Regelungen getroffen werden sollen.

TESTAMENT

Das Testament ist eine einseitige Festlegung des Willens des Erblassers und kann von ihm grundsätzlich jederzeit widerrufen, neu abgefasst und abgeändert werden. Hierdurch kann die Nachlassregelung flexibel an die jeweiligen Familienverhältnisse und die zeitliche Entwicklung angepasst werden. Aus Sicht des Erben ist aus diesem Grund das Testament dagegen mit allen Faktoren der Unsicherheit belastet.

Ein Testament kann **einzeln oder gemeinschaftlich** unter Ehegatten errichtet werden. Auch ein gemeinschaftliches Testament kann jederzeit verändert oder aufgehoben werden, solange beide Ehegatten leben oder dem Längstlebenden ein diesbezügliches Recht eingeräumt wird. Die einseitige Abänderung zu Lebzeiten beider Ehegatten ist nur durch notarielle Erklärung zulässig.

Das Gesetz kennt zwei Testamentsformen, das öffentliche und das private Testament. Ein **öffentliches Testament** wird vor einem Notar errichtet. Es wird mit einem Protokoll in einem versiegelten Umschlag dem zuständigen Amtsgericht übergeben und dort verwahrt. Die Vorteile des öffentlichen Testamentes sind: Die Echtheit kann nicht bestritten werden und die Erben benötigen keinen Erbschein. Das **private Testament** erfüllt die gesetzliche Formvorschrift, wenn es sich um eine handschriftlich geschriebene und unterschriebene Erklärung mit Orts- und Zeitangabe handelt. Es verursacht in der Regel nur geringe Kosten und kann ebenfalls dem Amtsgericht zur Aufbewahrung übergeben werden. Eine erbrechtliche Beratung ist aber in jedem Fall zu empfehlen.

Junge Familien brauchen zusätzliche Absicherung.

Udo Kroener/Fotolia.com

ERBVERTRAG

Der Erbvertrag ist eine **zweiseitige Verein-barung** zwischen dem Erblasser und dem Erben. Er kann nur bei gleichzeitiger Anwesenheit beider Vertragspartner geschlossen werden. Eine Aufhebung ist ebenfalls nur gemeinsam möglich. Nach dem Tode eines der beiden Vertragspartner kann die Aufhebung nicht mehr erfolgen.

Trotz der Bindung durch den Erbvertrag kann der Erblasser durch Verkauf, Schenkung oder Belastung über den zu vererbenden Gegenstand noch **frei verfügen**. Davor kann sich der Vertragserbe schützen, wenn er in Verbindung mit dem Erbvertrag eine Übereignungsverpflichtung abschließt, die grundbuchlich gesichert werden kann.

Im Rahmen der gleitenden Hofübergabe sollte ein Testament oder ein Erbvertrag dafür sorgen, dass auch nach dem Tod des Erblassers eindeutige Perspektiven hinsichtlich der künftigen Entwicklung des Hofes erkennbar sind.

WELCHE VERÄNDERUNGEN ERGEBEN SICH BEI DEN VERSICHERUNGEN?

SOZIALRECHTLICHE AUSWIRKUNGEN

Die **Gewährung einer Altersrente** oder einer vorzeitigen Rente wegen Erwerbsunfähigkeit durch die landwirtschaftliche Alterskasse ist an die Abgabe des Hofes gebunden. Personen, die vor dem 01.01.1947 geboren sind, erreichen die Altersrente mit Vollendung des 65. Lebensjahres. Für die Geburtsjahrgänge ab 1964 liegt die Altersgrenze bei 67 Jahren. Für die dazwischen liegenden Jahrgänge gilt eine stufenweise Übergangsregelung.

Als **Abgabe** gilt u. a. die Eigentumsübergabe oder die langfristige Verpachtung auf **mindestens neun Jahre**. Wird ein landwirtschaftliches Unternehmen von mehreren Personen gemeinsam, von einer Personenhandelsgesellschaft oder von einer juristischen Person betrieben, liegt eine Abgabe nur dann vor, wenn der Beteiligte auch aus dem Unternehmen ausscheidet.

Betreibt ein Landwirt mehrere landwirtschaftliche Unternehmen, so muss er sämtliche Unternehmen abgegeben haben.

Eine Abgabe des Unternehmens an den Ehegatten wird anerkannt, wenn der Unternehmer
- unabhängig von der jeweiligen Arbeitsmarktlage voll erwerbsgemindert ist,
- die Regelaltersgrenze erreicht hat oder
- die Voraussetzungen für eine vorzeitige Altersrente an langjährig Versicherte erfüllt.

Mühlhausen/landpixel.de

Sämtliche Versicherungen lassen sich durch die Übergabe kündigen und neu verhandeln.

Die Abgabe gilt nur so lange, bis auch der andere Ehegatte die Regelaltersgrenze erreicht hat oder erwerbsgemindert ist. Möchte der Übergeber weiterhin Teile des Hofes bewirtschaften, so ist die Abgabe nur erfüllt, wenn die zurückbehaltenen Flächen ein Viertel der für die Beitragspflicht zur landwirtschaftlichen Alterskasse maßgebenden Mindestbetriebsgröße nicht übersteigen.

Der **Zeitpunkt der Abgabe** ist entscheidend für den Beginn der Rentenleistung; um Nachteile zu vermeiden, sollte die Abgabe spätestens in dem Monat erfolgen, in dem die übrigen Voraussetzungen, beispielsweise die Vollendung des 65. Lebensjahres oder – bei vorzeitiger Altersrente – der Eintritt der Erwerbsunfähigkeit, gegeben sind. Die Altersrente wird frühestens mit Ablauf des Monats gewährt, in dem alle Voraussetzungen erfüllt sind.

Als Bezieher einer Altersrentenleistung aus der landwirtschaftlichen Alterskasse oder als Antragsteller einer solchen Leistung ist der Übergeber in der Regel gesetzlich krankenversichert. Solange noch kein Rentenanspruch besteht, ist – je nach Gestaltung der Übergangszeit – ein **Krankenversicherungsschutz** als freiwillig versichertes Mitglied, als mitarbeitender Familienangehöriger oder als Mitunternehmer möglich. Dabei ist zu bedenken, dass Einnahmen aus Gewerbebetrieben wie Fotovoltaik-, Biogas- oder Windkraftanlagen zusätzliche Krankenversicherungsbeiträge auslösen können.

Mit Abschluss eines Hofübergabe- oder Pachtvertrages gehen die Unternehmereigenschaft und damit die **Beitragspflicht** zur landwirtschaftlichen Alterskasse, landwirtschaftlichen Krankenkasse und landwirtschaftlichen Berufsgenossenschaft auf den Übernehmer über (Meldung innerhalb eines Monats nach der Übergabe).

PERSÖNLICHE ZUSATZVERSICHERUNGEN ZUR RISIKOABSICHERUNG

Für den Hofnachfolger/die Hofnachfolgerin bietet die gesetzliche Absicherung durch die landwirtschaftliche Alterskasse oder die gesetzliche Rentenversicherung in der Regel **keinen ausreichenden Risikoschutz** bei Berufs- und Erwerbsunfähigkeit oder im Todesfall; Hauptursache dafür ist, dass noch keine oder erst wenige Jahre Beiträge entrichtet wurden. Die Notwendigkeit einer zusätzlichen Absicherung ergibt sich insbesondere dann, wenn bereits eine junge Familie abzusichern ist oder wenn das Unternehmen mit hohen Darlehensverpflichtungen wirtschaftet.

Eine **Absicherung der Hinterbliebenen** kann sehr preisgünstig durch eine Risikolebensversicherung erreicht werden. Zur **Absicherung der eigenen Arbeitskraft** sollte der übernehmende Hofnachfolger frühzeitig – möglichst schon während der Berufsausbildung – eine Berufsunfähigkeitsversicherung abschließen. Bei der Auswahl der Versicherungsgesellschaft sollten die Vertragsbedingungen sorgfältig geprüft werden. Kann eine Berufsunfähigkeitsversicherung wegen gesundheitlicher Vorschäden nicht mehr leistungsgerecht vereinbart werden, kommen ersatzweise eine private Erwerbsunfähigkeitsversicherung oder eine private Unfallversicherung mit ausreichender Invaliditätsabsicherung in Frage. Die Höhe der Versicherungssummen und die Laufzeit der Risikolebens- bzw. Berufsunfähigkeitsversicherung sind an die speziellen Verhältnisse des Einzelfalles anzupassen. Eine Risikoanalyse durch unabhängige Berater liefert hierfür wichtige Anhaltspunkte. Weitere Informationen enthält auch das aid-Heft 1188 „Versicherungen in der Landwirtschaft".

BETRIEBLICHE VERSICHERUNGEN

Die Ausgaben für betriebliche Versicherungen, z. B. die Gebäude-, Inventar- oder Betriebshaftpflichtversicherung, sind häufig beträchtlich. Eine **Neuverhandlung** der Verträge im Rahmen der Hofübergabe führt in vielen Fällen zu deutlichen Kosteneinsparungen und Verbesserungen der Risikoabsicherung. Das Einholen mehrerer Angebote und ausdauerndes Verhandeln zahlen sich dabei in der Regel aus.

Wird das Unternehmen durch einen **Hofübergabevertrag** an den Nachfolger übergeben, dann kann dieser fast alle betrieblichen Versicherungsverträge außerordentlich kündigen und neu verhandeln. Auch bei der Verpachtung gilt für einen Teil der Versicherungsverträge (z. B. Inventar-, Betriebshaftpflicht- und Hagelversicherung) ein **außerordentliches Kündigungsrecht.**

Wichtig: Es müssen bestimmte **Fristen** eingehalten werden, damit die außerordentliche Kündigung wirksam wird. Diese beträgt in der Regel einen Monat nach der Hofübergabe (Umschreibung im Grundbuch) bzw. nach der Verpachtung.

Bei der Übergabe des Hofes ist der persönliche und betriebliche Versicherungsschutz einer kritischen Überprüfung zu unterziehen. Nähere Informationen zur Beurteilung der aktuellen Risikosituation können bei den unabhängigen sozio-ökonomischen Beratern der Landwirtschaftskammern und -ämter eingeholt werden.

In vielen Familien wechselt mit der Hofübergabe neben dem Besitz und der Bewirtschaftung auch die Erwerbsform. Aus persönlichen oder wirtschaftlichen Gründen können sich Hofnachfolgerinnen und Hofnachfolger dafür entscheiden, den landwirtschaftlichen Betrieb nicht mehr als alleinige Existenzgrundlage, sondern kombiniert mit einer außerlandwirtschaftlichen Beschäftigung zu führen. Häufig wurden in diesen Fällen durch eine Berufsausbildung außerhalb der Landwirtschaft bereits frühzeitig Weichen gestellt.

Bei einer Hofübergabe in den Nebenerwerb **sind folgende Punkte besonders zu beachten:**

- Die übernehmende Generation sollte gemeinsam mit der Beratung ein Betriebskonzept für den Nebenerwerbsbetrieb erarbeiten. Hierbei ist vor allem zu klären, ob der Nebenerwerbsbetrieb einen nachhaltigen Beitrag zur Einkommenssicherung der Familie leisten kann oder soll. Dabei sollte insbesondere geprüft werden, ob die vorhandene Fremdkapitalbelastung tragbar ist oder ob von vornherein eine Konsolidierung eingeleitet werden sollte.
- Die Leistungsfähigkeit des Nebenerwerbsbetriebes ist bei der Festsetzung der Altenteilshöhe unbedingt zu berücksichtigen. Falls der angemessene Einkommensbedarf der Altenteiler diese Leistungskraft nach-

Minerva Studio / Fotolia.com

Lohnt sich die Übernahme in den Nebenerwerb?

haltig übersteigt, muss eine Fortführung im Nebenerwerb grundsätzlich in Frage gestellt werden.

- Bei der Abfindung der weichenden Erben sollte berücksichtigt werden, welche Erwerbsperspektive der Nebenerwerbsbetrieb bietet und welche Altenteilsbelastung eingegangen wird. Je weniger der Betrieb der Einkommenssicherung dient, desto mehr dürfen die weichenden Erben eine Berücksichtigung ihrer Interessen erwarten.
- Aus betrieblichen Gründen empfiehlt es sich, auch für den Nebenerwerbsbetrieb Aufzeichnungen über Leistungen und Kosten vorzunehmen. Nur so können betriebliche Reserven und Entwicklungsmöglichkeiten voll ausgeschöpft werden. Welche steuerliche Gewinnermittlungsart empfehlenswert ist, muss im Einzelfall nach einer steuerlichen Beratung entschieden werden.
- Die neue Betriebsorganisation sollte die arbeitswirtschaftlichen Möglichkeiten der Familie ausreichend berücksichtigen, damit es nicht zu einer Doppelbelastung und Überforderung kommt. Grundsätzlich sind vielfältige Möglichkeiten der arbeitswirtschaftlichen Anpassung denkbar, z. B. durch Aufgabe arbeitsintensiver Betriebszweige oder überbetriebliche Zusammenarbeit.

WANN WIRD DER HOF ÜBERGEBEN?

Den **richtigen Zeitpunkt** für die Hofübergabe sollte jede Familie rechtzeitig und sorgfältig festlegen. Er ist gut gewählt, wenn die Älteren die Verantwortung – eventuell schrittweise – aus der Hand zu geben bereit sind und die Jüngeren sie gut und gerne übernehmen wollen. In einer Erprobungsphase hat oft bereits eine engere Zusammenarbeit in einzelnen Arbeitsbereichen stattgefunden oder es wurden schon ganze Bereiche übergeben.

Wichtigen **Einfluss auf die Festlegung des richtigen Zeitpunkts** der Übergabe haben

- das Alter und die gesundheitliche Verfassung des Übergebers,
- die Rentenbezugsmöglichkeit und -höhe beim Übergeber,
- das Alter, die Befähigung und die familiäre Situation des Übernehmers,
- das Bestreben, der jüngeren Generation Verantwortung zu übertragen, insbesondere im Zuge wichtiger betrieblicher Entwicklungsschritte, bei enger Generationsfolge die Bereitschaft des Übergebers oder des Übernehmers, eine außerbetriebliche Tätigkeit auszuüben,

● das Bestreben der jungen Generation, Verantwortung zu übernehmen und die eigenen Vorstellungen zur betrieblichen Weiterentwicklung verwirklichen zu können.

Hofübergaben, die **zu spät** erfolgen, hinterlassen oft einen bitteren Nachgeschmack, weil der Nachfolger oder die Nachfolgerin „ewig" warten musste. Motivation und Arbeitsfreude können darunter erheblich leiden.

Bei enger Generationsfolge, d. h. bei jungen Altenteilern, muss immer ein gutes Einkommenskonzept bis zum Renteneintritt gefunden werden.

Wird eine außerfamiliäre Hofübergabe in Betracht gezogen, sollte sich die abgebende Generation frühzeitig mit dieser Option beschäftigen, weil gerade diese Entscheidung nicht leicht fällt. Nur durch das Treffen klarer und gut vorbereiteter Entscheidungen kann dieser Weg erfolgreich beschritten werden.

Der richtige Zeitpunkt der Hofübergabe ist in jeder Familie ein anderer; an vieles ist zu denken. Weder der übereilte Entschluss noch das ewige Hinausschieben der Entscheidung sind jedoch gute Startbedingungen für einen reibungslosen Übergang.

Peter Meyer, aid

Auch bei der Hofübergabe gilt:
Fünf vor zwölf ist oft zu spät.

BESONDERHEITEN DER AUSSERFAMILIÄREN HOFÜBERGABE

AUS- UND EINSTIEG

MOTIVATION UND FORMEN

Familien, deren Kinder den Hof nicht übernehmen, oder Betriebsleiter ohne Kinder, die dennoch **ihren Hof erhalten** wollen, sollten überlegen, ob nicht eine Übergabe außerhalb der Familie eine sinnvolle Perspektive sein kann. Sicher müssen sich Bäuerinnen und Bauern einen großen „Ruck geben". Dafür bietet sich hier unter Umständen die Möglichkeit, das eigene Lebenswerk weitergeführt zu sehen. Umgekehrt können junge, gut ausgebildete Landwirte oder Landwirtinnen ohne elterlichen Betrieb auf diesem Weg ihre **beruflichen Qualifikationen anwenden** und ihre persönlichen Neigungen verwirklichen.

Die Übergabe kann – aus der Sicht der Existenzgründer formuliert – auf verschiedene **Art und Weise** geschehen, und zwar durch
- Pacht von Gesamtbetrieben,
- Übertragung von Gesamtbetrieben durch Übergabe- oder Kaufvertrag,
- Kauf von Resthöfen, Zupacht von Flächen und ggf. Erstellung von Wirtschaftsgebäuden (oft schrittweise),

Jeder Hof braucht einen eigenen, maßgeschneiderten Übergabevertrag.

Peter Meyer, aid

- Erstellung neuer Wirtschaftsgebäude auf einer Parzelle im Eigentum und Pacht von Flächen,
- Kauf der Hofstelle mit Gebäude mit Option auf Kauf der Restflächen,
- Bewirtschaftung von Höfen, die von den Eltern aufgegeben wurden, durch die Erben,
- Kauf eines Betriebes durch einen gemeinnützigen Träger oder Übertragung an ihn mit anschließender Verpachtung an Existenzgründer,
- Ratenkauf von Höfen über längeren Zeitraum (zuerst Hofstelle, dann nach und nach Flächen),
- Bewirtschaftungsvertrag auf bestimmte Zeit.

Eine außerfamiliäre Hofübergabe wird in der Regel also durch Hofübergabevertrag, Kaufvertrag, Schenkung oder Stiftungseinrichtung erfolgen.

ÜBERGABEVERTRAG

Der Hofübergabevertrag ist die **gebräuchlichste Form des Eigentumswechsels** in der Landwirtschaft. Wenig bekannt ist, dass er auch mit Nachfolgern außerhalb der Familie möglich ist. Der Übergabevertrag beurkundet eine Eigentumsübertragung gegen Versorgungsleistungen. Diese sind in der Regel geringer als der Verkehrswert des Hofes, was für viele Übernehmer günstiger ist, jedoch im Fall der Notwendigkeit des Ablösens vorhandener Verbindlichkeiten beim Übergeber diese Form der Übertragung erheblich erschwert.

Der Hofübergabevertrag kann zwischen Fremden in ähnlicher Weise wie innerhalb der Familie vereinbart werden. Nähere Informationen zu Inhalten und Gestaltung des Hofübergabevertrages finden sich weiter oben im Abschnitt „Der Hofübergabevertrag". Im Falle einer **außerfamiliären Hofübergabe** sind viele **Fragen** zu beantworten, die sich auch bei einer Übergabe in der Familie stellen:

- Sollen die Altenteiler am Hof wohnen oder außerhalb?
- Wie können Wohneinheiten dem individuellen Bedarf entsprechend getrennt und eingeteilt werden?
- Wie hoch muss und kann die Rentenzahlung angesichts der Teilsicherung im Rahmen der landwirtschaftlichen Alterssicherung einerseits und der wirtschaftlichen Tragfähigkeit des Hofes andererseits sein?
- Muss die Rente durch eine Grundschuld abgesichert werden? Was bedeutet das für künftige Darlehensfinanzierungen?

Die Versorgungsleistung an die abgebende Generation erfolgt als Rentenzahlung oder dauernde Last. Der Hofübernehmer kann Aufwendungen aus einer **dauernden Last** als Betriebsausgabe steuerlich geltend machen. Bei Rentenzahlungen ist dies nicht möglich. Für die Übergebenden hat die **Rentenzahlung** den Vorteil, dass sie fest vereinbarter Vertragsbestandteil ist – üblicherweise mit einer Anpassung an die Entwicklung der Lebenshaltungskosten. Die dauernde Last ist dagegen von der wirtschaftlichen Leistungsfähigkeit des Übernehmenden abhängig.

Neben diesen Versorgungsleistungen ist schließlich zu beachten, dass für Schenkungen, insbesondere unter Fremden, in der Regel **Schenkungsteuern** anfallen. Bei Kaufverträgen geht das Finanzamt regelmäßig von einer entgeltlichen Übertragung aus, sodass der Freibetrag nach Erbschaftsteuergesetz keine Anwendung findet. Bei Übergabeverträgen oder ähnlichen Übertragungen ist der Wert eines evtl. Schenkungsanteils jeweils zu ermitteln.

In jedem Fall sollten die **Erben** in die vorbereitenden Gespräche einbezogen werden und der Übergabe außerhalb der Familie zustimmen, nicht zuletzt weil die Geltendmachung von Pflichtteilsansprüchen die Übergabe des Hofes gefährden kann. Dies erfolgt durch einen auf diesen Vorgang beschränkten Pflichtteilsverzicht, der – wie der Übergabevertrag – der notariellen Beurkundung bedarf.

GLEITENDE HOFÜBERGABE

Wie in der Familie kann auch unter Nichtverwandten eine gleitende Hofübergabe durch Verpachtung, Abschluss eines Arbeits- oder Gesellschaftsvertrages oder Nießbrauchvorbehalt vereinbart werden. Bei der Gestaltung ergeben sich ähnliche Gesichtspunkte wie in der Familie (siehe Abschnitt weiter oben).

Gemeinsame Bewirtschaftung

Neben den genannten Optionen gibt es auch die Möglichkeit oder die Notwendigkeit, den Betrieb zusammen mit dem Nachfolger eine Zeit lang gemeinsam zu bewirtschaften. Dies trifft vor allem für die Betriebsleiter zu, die frühzeitig vor Erreichen der Altersgrenze einen außerfamiliären Nachfolger gesucht und gefunden haben. Aber auch mit dem Altenteiler, der bereits die Altersgrenze erreicht hat, gibt es Möglichkeiten einer Zusammenarbeit.

Bei einer Zusammenarbeit mit dem Nachfolger ist neben der Regelung von Verantwortlichkeiten vor allem die wirtschaftliche Leistungsfähigkeit des Betriebes ein entscheidender Faktor. Man sollte überprüfen, ob es für den Betrieb leistbar ist, eine zweite Person bzw. eine zweite Familie wirtschaftlich zu tragen – zumindest für eine Zeit des Überganges. Ist dies nicht möglich, sollte die wirtschaftliche Basis des Betriebes ausgebaut werden, beispielsweise durch Intensivierung der bisherigen Betriebszweige oder weitere Diversifizierungsmöglichkeiten. Man sollte auf jeden Fall die Hilfe eines Beraters in Anspruch nehmen. Er kann gemeinsam mit den Verantwortlichen geeignete Wege erarbeiten oder Hilfestellungen geben kann.

Stufenmodell einer Zusammenarbeit

Wichtig für ein gemeinsames Bewirtschaften des Betriebes ist eine klare Verteilung von Aufgaben oder Verantwortlichkeiten. Um den potenziellen Nachfolger in den Betriebsablauf einzubinden, gibt es verschiedene Möglichkeiten. Einen (zeitlichen) Ablauf zeigt folgendes Beispiel aus der Praxis:

Phase 1: Einstieg durch ein zeitlich befristetes Angestelltenverhältnis (1/2 bis 1 Jahr)

Phase 2: Bildung einer GbR bis zur Rente des Hofabgebers

Phase 3: Endgültige Übergabe durch Verpachtung, durch Übergabe per Hofübergabevertrag oder andere Formen

PACHTVERHÄLTNIS

Aus Sicht der Existenzgründer ist die Pacht von Höfen – insbesondere von privaten Verpächtern – nicht unproblematisch. In vielen

Mühlhausen/landpixel.de

Vieles lässt sich am Feldrand besprechen, für die harten Fakten müssen aber belastbare Zahlen auf den Tisch.

Fällen werden keine langfristigen Pachtverträge abgeschlossen. Infolge fehlender Perspektiven bleiben dann notwendige Investitionen aus. Schwer einzuschätzen ist insbesondere das Verhalten der Erben des Verpächters. „Blühende" Pachtbetriebe mit privaten Verpächtern sind vor allem auf Grund der häufig zu kurzen und unkalkulierbaren **Pachtdauer** selten. Staatsdomänen, Kirchengüter etc. bieten auf Grund langfristiger Pachtverträge häufig bessere Perspektiven. Sinnvoll kann dagegen für Familienbetriebe ein kurzes Pachtverhältnis für eine begrenzte Übergangszeit sein, z. B. im Vorfeld einer Hofübergabe.

Eine ausreichende Grundlage für eine erfolgreiche Betriebsentwicklung bietet eine Pachtdauer von mindestens 20 Jahren – als Richtschnur dient die Abschreibung langfristiger Investitionen, im günstigsten Fall, bis die

Pächter das Rentenalter erreichen. Diese Langfristigkeit bietet nicht nur Sicherheit für den Pächter, sondern ist häufig auch Voraussetzung für den **Zugang zu Krediten**. Zudem ist eine praktikable und faire Vereinbarung für Gebäudeerhalt und Gebäudeinvestitionen zu treffen. Wichtig sind eine klare Beschreibung und Fotodokumentation der verpachteten Sache und Einrichtungsgegenstände. Zu berücksichtigen ist, dass die Pächter kein Eigentum erwerben, aus dem sie im Alter ein Einkommen erzielen. Eine eigenständige Altersvorsorge ist daher dringend erforderlich.

Die Pacht dient – wie bei der Hofübergabe die Rentenzahlung – häufig der Ergänzung der Altersversorgung der Verpächter. Vor diesem Hintergrund spielt die Verlässlichkeit der Pachtzahlung eine wesentliche Rolle.

GEMEINNÜTZIGER VEREIN UND STIFTUNG

Eine bisher noch selten genutzte Möglichkeit besteht darin, den Hof in einen **gemeinnützigen Verein** oder in eine gemeinnützige **Stiftung** zu übertragen. Dieser Träger muss gemeinnützige Zwecke laut Steuerrecht erfüllen und umsetzen. Hierfür kommen z. B. in Frage: Jugendpflege und Jugendhilfe, Therapie und Behindertenarbeit, Umweltschutz und Pflege der Kulturlandschaft, Ausbildung und Volksbildung, Betreuung alter oder behinderter Menschen, Forschung oder Denkmalschutz.

Die gemeinnützigen Zwecke können sowohl direkt durch die Aktivitäten des Trägers als auch indirekt durch Projektförderung aus den (Pacht-)Erträgen des Vereins oder der Stiftung verfolgt werden. Die Landwirtschaft selbst kann jedoch nicht durch den gemein-

nützigen Träger betrieben werden – außer sie dient ganz überwiegend zum Beispiel der Therapie oder Forschung. Es bestehen damit **vier Möglichkeiten**, das Verhältnis zwischen landwirtschaftlicher Tätigkeit und gemeinnützigem Träger zu gestalten:

1. Wenn die landwirtschaftliche Tätigkeit unmittelbar dem gemeinnützigen Zweck dient – zum Beispiel bei einem Schulbauernhof, einer Behinderteneinrichtung oder einem Versuchsbetrieb –, betreibt der gemeinnützige Träger selbst Landwirtschaft. Gegebenenfalls wird er hierfür einen Zweckbetrieb einrichten.

2. Wenn der landwirtschaftliche Betrieb weitgehend den gemeinnützigen Zwecken dient, aber trotzdem als eigenständiges Unternehmen geführt werden soll, zum Beispiel um eine flexible und unternehmerische Betriebsführung zu erleichtern, kann der Betrieb auch als „weisungsge-

Auch die Betreuung alter oder behinderter Menschen kann ein gemeinnütziger Zweck eines Bauernhofs sein.

Peter Meyer, aid

aid

Ein wirtschaftlicher Geschäftsbetrieb wie ein Restaurant verhindert grundsätzlich nicht die Anerkennung der Gemeinnützigkeit.

Peter Meyer, aid

bundene Hilfsperson" angesehen werden (AO 57 Abs. 1 Satz 2).

3. Jeder gemeinnützige Träger kann Vermögensverwaltung betreiben und die Erträge dieser Vermögensverwaltung seinen gemeinnützigen Zwecken zufließen lassen. Zahlreiche Vereine und Stiftungen verfügen zum Beispiel über Immobilienvermögen, Bankguthaben etc. Verfügt ein gemeinnütziger Träger über einen landwirtschaftlichen Betrieb, so kann er diesen verpachten und die Erlöse – nach Abzug der Aufwendungen für Gebäudeerhaltung etc. – den gemeinnützigen Zwecken zuführen. Aufgrund der relativ geringen Kapitalrentabilität bzw. die im Verhältnis zu den Verkehrswerten relativ niedrigen Pachterlöse werden die Erträge der Vermögensverwaltung in der Regel niedriger sein als bei anderen Vermögensarten.

Trotzdem kann ein gemeinnütziger Träger sein gesamtes Vermögen oder Teile davon als landwirtschaftlichen Betrieb halten.

4. In der Praxis gemeinnütziger Träger im Bereich des ökologischen Landbaus wird häufig eine Strategie verfolgt, die beide Aspekte (2. und 3.) verknüpft. Einerseits betreibt der gemeinnützige Träger Vermögensverwaltung, indem er zu ortsüblichen Bedingungen verpachtet. Auf der anderen Seite werden jedoch nicht nur die Erträge der Vermögensverwaltung für die gemeinnützigen Zwecke genutzt, sondern auch die Möglichkeiten der durch den Pächter betriebenen Landwirtschaft (zum Beispiel die Tiere, Hecken und Flächen) für die Erfüllung der Vereins- bzw. Stiftungsziele genutzt.

Übersicht 2: Struktur bei gemeinnütziger Trägerschaft

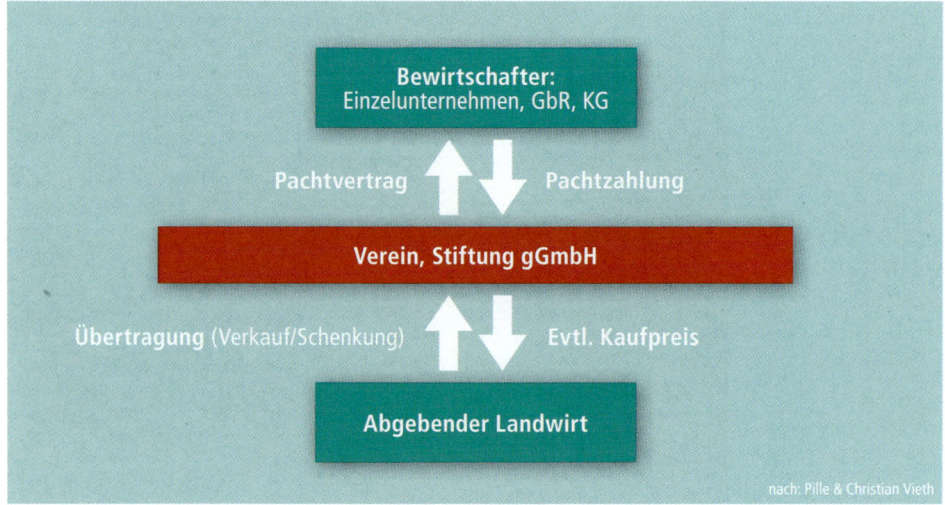

nach: Pille & Christian Vieth

Struktur bei Trennung zwischen Eigentum und Bewirtschaftung

Bei gemeinnützigen Vereinen und Stiftungen besteht in der Regel eine Trennung zwischen Eigentum und Bewirtschaftung.

Das Grundgerüst besteht aus **folgenden Gestaltungselementen**, die in der Praxis ganz unterschiedlich ausgeformt werden.

1. Ein gemeinnütziger Träger (Verein, gGmbH, Stiftung) bekommt Grund und Boden sowie Wirtschaftsgebäude als Eigentümer übertragen, zum Teil erwirbt er auch das lebende und tote Inventar. Voraussetzung für dessen Anerkennung ist die Verfolgung gemeinnütziger Zwecke.

2. Die Bewirtschaftung erfolgt durch Pächter: eine Familie, eine Hofgemeinschaft oder mehrere selbstständige Pächter – rechtlich gesprochen Einzelunternehmen, BGB-

Gesellschaften oder Kommanditgesellschaften (KG).

3. Zwischen Eigentümer und Pächter/-n wird ein Pachtvertrag abgeschlossen, der eine ortsübliche Pacht vorsieht, aus der der Träger seinen Kapitaldienst sowie den Gebäudeunterhalt leistet. Wenn der Kapitaldienst gering ist, können hieraus auch gemeinnützige Zwecke finanziert werden.

DIE FÜNF PHASEN DER AUSSERFAMILIÄREN ÜBERGABE

Die Hofübergabe fordert von den Altenteilern, sich mit der Weiterentwicklung des Betriebes und den Neuerungen der nachfolgenden Generation zu arrangieren. Dies bedeutet unter anderem, Abschied zu nehmen von ihrer Form der Bewirtschaftung, und die bejahende Akzeptanz der Veränderung. Die folgende Tabelle gibt einen kurzen Überblick.

Der Prozess der außerfamiliären Hofübergabe weist in den meisten Bereichen Parallelen zum Prozess der traditionellen Hofübergabe auf. So sind auch hier zum Teil passives Verhalten der Altbauern, Vermeidung von Entscheidungen und Generationskonflikte anzutreffen. Der große Unterschied der Hofübergabe außerhalb der Erbfolge ist, dass das Eigentum an Familienfremde übergehen soll. Allgemeine Hofnachfolgeregelungen wie zum Beispiel der Verkauf, Teilverkauf, Verpachtung, Stiftung, Vereinsgründung oder Mischformen können genutzt werden.

Die Wahl der jeweiligen Hofübergabeform wird in besonderem Maße von der notwendigen Altersversorgung für die abgebende Generation vorgegeben. Die abgebenden Bauern müssen festlegen, ob sie zur ausreichenden Alterssicherung einen Verkauf oder Teilverkauf planen müssen. Ist dies nicht der Fall, kann an eine Verpachtung gedacht werden. Auch mittels Pachtvertrag können genaue und klare Regelungen getroffen werden. Wichtig ist hier eine Regelung für den Todesfall des Verpächters, damit die Erben keine weitreichenden Entscheidungen fällen können, die eine weitere Bewirtschaftung durch den Pächter verhindern. Für den Fall, dass es keine Kinder oder andere Erben gibt, muss die Frage der Eigentumsübertragung im Todesfall vorher definitiv geklärt werden. Mögliche Formen sind die Familienstiftung, Schenkung (Schenkungsteuer berücksichtigen) oder andere Formen (zum Beispiel GbR mit anschließender Schenkung im Todesfall).

Die Hofübergabe außerhalb der Familie ist ein komplexer Prozess. Abgebende und Neugründer befinden sich in einer Situation, mit der sie selbst keine Erfahrung haben. Der Übergabeprozess durchläuft dabei verschiedene Phasen. Für den Erfolg ist es entscheidend, dass jede Phase klar und deutlich bearbeitet und abgeschlossen wird. Von Bedeutung ist ein ausreichender Zeitraum zum richtigen Zeitpunkt. Der gesamte Zeitraum von der ersten bis zur letzten Phase ist mit 1,5 bis 2 Jahren zu veranschlagen. Die erste Phase kann man als Sensibilisierungsphase bezeichnen.

Tabelle 7: Wesentliche Aspekte der außerfamiliären Hofübergabe

Wirtschaftliche Aspekte	Eigentumsübertragung von Alt- an Jungbauer und ggf. Abfindung der weichenden Erben
Juristische Aspekte	Die Hofübergabe ist ein juristischer Vorgang, auf dessen Form das Vertragsrecht, das Erbrecht und die Steuergesetze (zum Beispiel Erbschaftsteuer, Schenkungsteuer) usw. Einfluss nehmen.
Soziale und persönliche Aspekte	Mit der Hofübergabe übergeben die Altbauern das Weisungsrecht und die Verantwortung an die Nachfolger. Der Altbauer übergibt nicht nur einen Großteil seines Vermögens, sondern gleichzeitig auch seine Stellung als selbstständiger, unabhängiger Bauer, seine bisherige Lebensgrundlage und seinen bisherigen Lebensinhalt. Ein Teil der sozialen Stellung des Betriebsleiters geht in die Hände des Jungbauern über. Von der älteren Generation wird die Übergabe daher oft als sozialer Abstieg empfunden.

Tabelle 8: Die fünf Phasen der außerfamiliären Hofübergabe

1. Phase	2. Phase	3. Phase	4. Phase	5. Phase
Das „Wollen"	Die „Form" (Vorentscheidung)	Die „Suche"	Der „Übergang"	Die abgeschlossene Hofübergabe

In der **ersten Phase** setzt sich die wirtschaftende Familie gedanklich mit dem Thema Hofnachfolge außerhalb der Familie auseinander. Am Ende dieser Phase wird darüber entschieden, ob eine außerfamiliäre Hofübergabe eine Option für den Fortbestand des Betriebes darstellt oder nicht.

In der **zweiten Phase** suchen die Übergeber die aus ihrer Sicht richtige Form der Hofnachfolge. Dabei müssen sie folgende Punkte klären:
● Form und rechtliche Gestaltung der Hofübergabe,
● künftiger Lebensmittelpunkt der Abgebenden (insbesondere Wohnen),
● Art und Umfang der Mitarbeit der Abgebenden auf dem Hof: Aufgaben, Verantwortlichkeiten, Entlohnung,
● Art und Umfang der Alterssicherung und ggf. Pflege sowie
● finanzielle Gesichtspunkte wie Kapitalanlage oder steuerliche Aspekte.

Diese Phase wird leicht unvollständig abgearbeitet oder gar übersprungen; dies darf auf keinen Fall passieren. Die Suche nach einem Nachfolger beginnt dann, ohne dass die Abgebenden und entsprechend auch die Suchenden überhaupt wissen, auf welches Ziel sie eigentlich zusteuern. Die Hoffnung, dass auf der Basis gegenseitiger Wertschätzung („Vertrauensbasis") schon eine Lösung gefunden werden könne, trügt.

Die potenziellen Existenzgründer müssen während dieser Zeit ebenfalls wichtige Fragen für sich beantworten und die eigenen Vorstellungen und Ideen konkretisieren (siehe nächsten Abschnitt „Checkliste für potenzielle familienfremde Hofübernehmer"). Im Vordergrund stehen dabei die eigene Motivation, die künftige Betriebsführung und die Finanzierung. Eine gründliche Planung ist unabdingbare Voraussetzung sowohl für erfolgreiche Vereinbarungen mit den Übergebenden als auch mit finanzierenden Banken.

In der **dritten Phase** beginnt die Suche nach geeigneten Nachfolgern. In der Praxis stammen Nachfolger häufig aus der weiteren Familie oder aus dem regionalen oder persönlichen Umfeld, z. B. ehemalige Lehrlinge, Praktikanten oder andere Mitarbeiter. Geeignete Möglichkeiten bieten aber auch Anzeigen in Verbandszeitschriften und in der landwirtschaftlichen Fachpresse, die Hofbörsen verschiedener Träger, Makler sowie Aushänge in landwirtschaftlichen Bildungseinrichtungen (z. B. Fachhochschulen).

Da die Verantwortung für Geschaffenes, sein Erhalt und andere Werte wesentliche Motive für eine außerfamiliäre Hofübergabe sind, werden an die potenziellen Nachfolger hohe persönliche Ansprüche gestellt. Kommt dann der Wunsch der Abgebenden hinzu, weiter auf dem Hof zu arbeiten oder zu wohnen, erschwert das unter Umständen die Suche.

Wenn die „Suche" Erfolg versprechend verläuft, sind die Übernehmenden gefordert, ein nachhaltig tragfähiges Betriebskonzept auf der Grundlage der verfügbaren Faktorausstattung zu erarbeiten. Dieser Geschäftsplan oder Businessplan gibt Auskunft über alle wesentlichen Aspekte zur Übernahme des Hofes. Dazu gehören sowohl praktische Fragen der Gründung, des Betriebs und der Führung, des Marktes als auch betriebswirtschaftliche Analysen zu Kosten, Umsatz, Rentabilität, Liquidität und Wachstumsaussichten. Der Geschäftsplan ist eine wichtige Voraussetzung zur Kapitalbeschaffung. Er hilft dabei, den geplanten Betrieb strukturiert zu durchdenken. Mögliche Bestandteile sind eine zusammenfassende Darstellung des Betriebes, der Geschäftsidee und der Unternehmensziele, eine Marktanalyse, Überlegungen zum Marketing und zur Wahl der Rechtsform, die Konkretisierung des möglichen Investitionsumfangs, der Finanzierung und Förderung. Diese münden in Wirtschaftlichkeitsberechnungen auf Basis der bisherigen und der zu erwartenden Ergebnisse unter Berücksichtigung von Chancen und Risiken des ausgewählten Vorhabens.

Für Quereinsteiger gilt im besonderen Maße, was für jeden Landwirt gilt: Entscheidend sind nicht nur praktische und fachliche Fähigkeiten, sondern auch Kompetenzen in der Personalführung, der Vertrauensbildung oder der Gewinnung von Unterstützung im Umfeld des Unternehmens.

In der **vierten Phase** bringen sich die außerfamiliären Nachfolger aktiv in den Prozess ein. Die vorher von den Abgebenden anvisierte Form der Übergabe muss mit den Möglichkeiten und Vorstellungen der Übernehmenden in Einklang gebracht werden. Das erfordert ein gewisses Maß an Toleranz der Abgebenden gegenüber dem Vorhaben der Übernehmenden. Die Übergabe kann schrittweise erfolgen, d. h. beide Parteien arbeiten noch über einen Zeitraum zusammen auf dem Betrieb (z. B. 5 bis 6 Monate Probearbeiten mit vertraglicher Regelung) und die Übergabe erfolgt zu einem fest vereinbarten Stichtag. Hierbei wächst jedoch die Gefahr von Missverständnissen. Wenn sich die übergebende Familie jetzt noch als „Suchende" empfindet, Differenzen auftreten und die vertraglichen Regelungen noch nicht eindeutig sind, ist die Gefahr besonders groß, dass das Vorhaben scheitert. Andererseits bietet diese Phase für beide Seiten noch die Chance des Ausstiegs.

Die Hofübergabe ist **abgeschlossen**, nachdem die Phasen 1 bis 4 durchlaufen und die neuen Rollen und alle Entscheidungsbefugnisse erfolgreich angewendet worden sind.

Die wesentlichen Gründe für das **Scheitern einer Übergabe** sind unterschiedliche finanzielle Vorstellungen bei Übernehmern und Übergebern, zu hohe Ansprüche und Erwartungen, unklare Vereinbarungen sowie die fehlende Bereitschaft der Abgebenden „loszulassen".

Erfolgreiche Übergaben dagegen ergeben sich, wenn klare Verträge geschlossen und deutliche Trennungen vollzogen werden. Hilfreich dabei ist die Installation eines festen Zeitplanes, der die Übergabe und deren Ablauf festhält.

Unterschiedliche staatliche oder private **Beratungseinrichtungen** unterstützen die Beteiligten bei ihrem Vorhaben. Auf deren Hilfe sollte so früh wie möglich zurückgegriffen werden.

CHECKLISTE FÜR POTENZIELLE FAMILIENFREMDE HOFÜBERNEHMER

Die nachfolgende Checkliste kann zur Unterstützung der Entscheidungsfindung möglicher Hofübernehmer herangezogen werden.

Tabelle 9: Checkliste für potenzielle familienfremde Hofübernehmer

Fragen	Eigene Antwort
Bereich Motivation und Wünsche	
Bin ich in der Lage, als Selbstständiger zu arbeiten, oder bin ich eher ein Mensch, der als Angestellte/-r arbeiten möchte?	
Welche Ziele verfolge ich mit der Selbstständigkeit?	
Bin ich ausreichend qualifiziert?	
Soll die Bewirtschaftung des Betriebes allein, als Familie oder in einer Kooperation erfolgen?	
Habe ich ein soziales Netz, das mich bei Unwägbarkeiten in der Gründungsphase unterstützt?	

Fragen	Eigene Antwort
Bereich Unternehmensführung und Gründung	
Welche Produkte und Dienstleistungen sollen angeboten werden, welche Neigungen gibt es?	
Erfolgt die Suche regional beschränkt oder überregional?	
Wird der Einstieg in einen bestehenden Betrieb angestrebt oder in einen unbewirtschafteten Resthof?	
Wird eine gemeinsame Bewirtschaftung mit den Übergebenden angestrebt?	
Welches Kapital ist für die Übernahme erforderlich? Ist es verfügbar? Welche Form eignet sich (z. B. Kauf, Pacht, Rentenkauf)?	
Soll der Betrieb im Haupt- oder im Nebenerwerb geführt werden? Gibt es außerlandwirtschaftliches Einkommen?	
Verbleiben unter Berücksichtigung von Preisschwankungen ausreichende Mittel für die Lebenshaltung, die Tilgung sowie Ersatz- und Neuinvestitionen?	

GEEIGNETE RECHTSFORMEN

Im Rahmen der Hofübergabe oder Existenzgründung legt sich der Unternehmer mit der Wahl der Rechtsform langfristig fest. Mit dieser Entscheidung werden auch wichtige Eckpunkte wie Finanzierung, Besteuerung, Umfang der Haftung, aber auch Einfluss auf Art, Höhe und Umfang von Fördermöglichkeiten festgelegt.

„Die" optimale Rechtsform gibt es jedoch nicht. Jeder Betrieb hat individuelle Bedingungen, für die es die passende Unternehmensform zu finden gilt. Häufig ist die Ausgestaltung in Verträgen und in der täglichen Praxis für das Gelingen entscheidender als die Alternative zwischen zwei Rechtsformen.

Grundsätzlich werden **Rechtsformen** unterschieden in Einzelunternehmen, Personengesellschaften und juristische Personen. Zu den Personengesellschaften gehören die in der Landwirtschaft sehr häufige Gesellschaft bürgerlichen Rechts (GbR) inklusive der Stillen Gesellschaft sowie die Kommanditgesellschaft (KG) und die hier seltene Offene Handelsgesellschaft (OHG). Zu den juristischen Personen zählen Kapitalgesellschaften (Aktiengesellschaft – AG, Gesellschaft mit beschränkter Haftung – GmbH), Vereine, Stiftungen und Genossenschaften.

*Übersicht 3: **Relevante** Rechtsformen für außerfamiliäre Hofübergaben und Existenzgründungen*

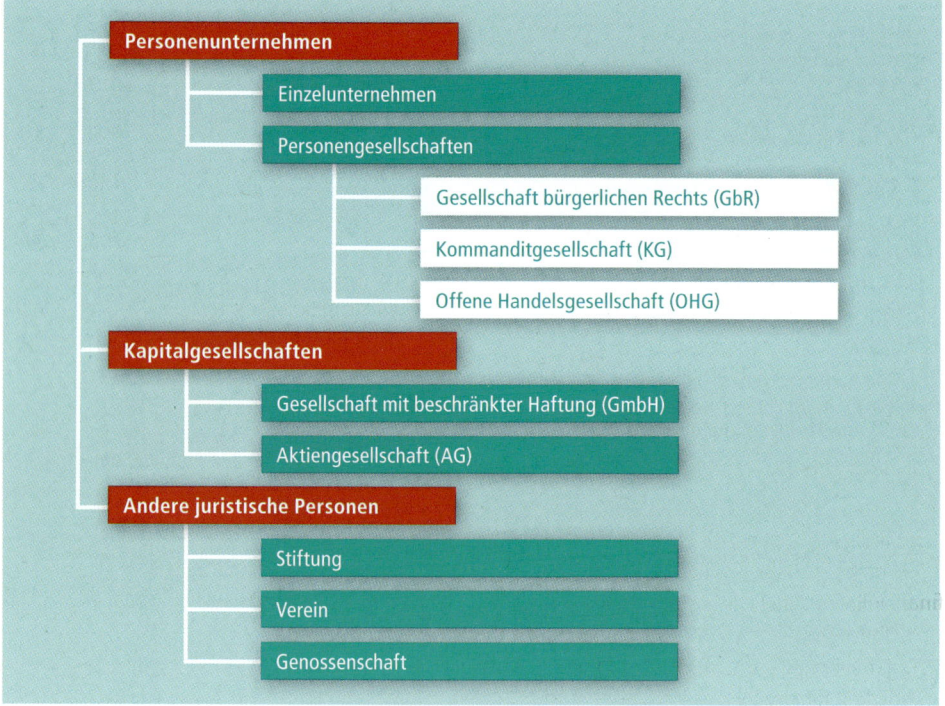

Wesentliche **Unterscheidungsmerkmale** zwischen den Rechtsformen sind die Formvorschriften zur Errichtung, die Geschäftsführung und Vertretung sowie der Haftungsumfang. Konsequenzen für Finanzierung und Besteuerung, aber auch Art und Höhe von Fördermöglichkeiten sind zu bedenken.

Über **Vor- und Nachteile** der einzelnen Gesellschaftsformen kann man sich beispielsweise kundig machen in dem aid-Heft 1147 „Rechtsformen landwirtschaftlicher Unternehmen" (siehe Abschnitt „aid-Medien" am Ende des Heftes).

Um die passende Rechtsform zu finden und diese auszugestalten, ist der **Rat erfahrener Fachleute** unerlässlich. Nachdem sich Übergebende und Übernehmende einen Überblick verschafft haben, sollte rechtsanwaltliche Beratung genutzt werden. Der damit verbundene Kostenaufwand kann reduziert werden, indem man sehr gut vorbereitet in diese Beratung geht und im Vorfeld die eigenen Ziele und Gestaltungsideen schriftlich formuliert – entweder in freier Form oder als Entwurf eines Gesellschaftsvertrages. Musterverträge sind im Internet und in der Literatur zu finden, müssen jedoch den individuellen Verhältnissen angepasst werden.

FINANZIERUNG

Am häufigsten scheitern Hofübergaben außerhalb der Familie an unterschiedlichen finanziellen Vorstellungen der Übergebenden und Übernehmenden. Im Abschnitt Hofübergabevertrag wurde bereits auf die Notwendigkeit hingewiesen, einen Ausgleich

zwischen der Leistungsfähigkeit der übernehmenden Partei einerseits und den Versorgungsansprüchen der abgebenden Partei andererseits zu schaffen. **Abgebende** müssen sich darüber im Klaren sein, dass außerfamiliäre Nachfolger in der Regel keine höheren finanziellen Verpflichtungen eingehen können, als Kinder es könnten, die den Hof übernehmen würden. **Übernehmende** sollten sich weder auf zu hohe Belastungen einlassen, da dies die Betriebsentwicklung von vorneherein erschwert, noch unrealistische Erwartungen an die Großzügigkeit der Übergebenden haben.

Die Führung eines landwirtschaftlichen Unternehmens ist durch **hohen Kapitalbedarf** gekennzeichnet. Er liegt derzeit bei durchschnittlich 400.000 EUR pro Arbeitskraft und kann stark schwanken, beispielsweise in Abhängigkeit vom Umfang der Viehhaltung oder der Eigenmechanisierung. Gleichzeitig wird auf vielen Höfen keine oder nur eine geringe Gesamt- und Eigenkapitalrendite erwirtschaftet. Dies erschwert die Finanzierung der Hofübernahme aus Sicht des Existenzgründers erheblich.

Für eine **solide Finanzierung** ist Folgendes zu beachten:
- Zirka 30 Prozent Eigenkapital sollten die Übernehmenden einbringen. Dies kann in unterschiedlicher Form erfolgen (siehe unten).
- Die Übergebenden können die Finanzierung erheblich erleichtern, wenn sie einen Teil des Kaufpreises als Darlehen gewähren, das z. B. innerhalb von 10 Jahren getilgt wird. Wenn dieser Betrag nicht oder nachrangig nach Bankdarlehen im Grundbuch besichert wird, ist die Gesamtfinanzierung

leichter möglich. Ob eine solche Vorgehensweise vertretbar ist, muss die übergebende Seite nach gründlichem Kennenlernen der Übernehmenden und in Kenntnis der Entwicklungsperspektiven des Betriebes entscheiden. Darüber hinaus besteht die Möglichkeit, den Kaufpreis über eine Leibrentengewährung zu verrenten.

- Um eine Bank für die Finanzierung der Hofübergabe zu gewinnen, ist es von zentraler Bedeutung, gut aufbereitete Unterlagen über die betriebliche Situation und die Perspektiven zu erstellen und im persönlichen Gespräch überzeugend zu präsentieren.
- Es sollten eine ausreichende Grundsicherung bzw. angepasste Tilgungsdauer und -raten vorhanden sein.
- Kapitalreserven für unvorhergesehene Ereignisse wie z. B. bauliche Investitionen sind einzuplanen.

Neben Eigenkapital und Bankdarlehen können **Direktdarlehen und Beteiligungen** als Finanzierungsinstrumente genutzt werden.

Insbesondere bei einem größeren Umfeld aus Familie, Kunden, Freunden und Unterstützern besteht die Möglichkeit, Direktdarlehen oder Beteiligungen einzuwerben und auf diese Weise die Übernahme oder Investitionen zu finanzieren.

Bei der Hereinnahme von Direktdarlehen empfiehlt sich **in jedem Fall** der Abschluss eines einfachen, schriftlichen, aber formlosen **Kreditvertrages**, in dem Kreditbetrag, Verzinsung, Laufzeit, Kündigungsfrist und Tilgung sowie Folgen von Zahlungsstörungen und Regelungen im Insolvenzfall vereinbart werden. Schließlich ist zu bedenken, dass einige der typischen Bankaufgaben – den Betrieb wahrzunehmen, Jahresabschlüsse zu analysieren und eventuelle Fehlentwicklungen frühzeitig zu erkennen – bei einem Direktkredit durch die beiden Vertragspartner selbst wahrgenommen werden müssen. Dies erfordert eine regelmäßige Information der Kreditgeber durch den Landwirt sowie Offenheit und Vertrauen auf beiden Seiten.

Zu etwa 30 Prozent sollte der Hof aus Eigenkapital finanziert werden.

Peter Meyer, aid

Tabelle 10: Unterlagen für Kreditgespräche bei Banken im Rahmen der Hofübergabe

Unterlagen für Kreditgespräche bei Banken im Rahmen der Hofübergabe	
Vom potenziellen Übernehmer zu beschaffen	**erledigt**
Informationen zur Person:	
– Lebenslauf	☐
– Selbstauskunft (Formular der Bank)	☐
– Bankauskunft der Hausbank	☐
Informationen zum zukünftigen Betrieb:	
– Betriebsspiegel	☐
– Betriebskonzept	☐
– Markteinschätzung, Absatzwege, Kunden	☐
– Marketingmaßnahmen (inkl. Kundenbindung)	☐
– Vergleich des Konzepts mit Wettbewerbern; Abgrenzung, Hervorheben von Besonderheiten	☐
– Mitarbeiter/-innen und deren Qualifikation	☐
Informationen zu Investition und Finanzierung:	
– Entwurf Kauf- oder Übergabevertrag	☐
– Kostenschätzung für geplante Investitionen inkl. Finanzierungsplanung	☐
– Umsatz- und Ertragsvorschau für 3 Jahre	☐
– Liquiditätsplanung für mind. 12 Monate	☐
– Unterlagen zur Besicherung der Darlehen (z. B. Objektunterlagen, Grundbuchauszüge)	☐
Vom potenziellen Übergeber vorzulegen	**erledigt**
Informationen über den bestehenden Betrieb:	
– Jahresabschlüsse der letzten drei Geschäftsjahre	☐
– Auswertungen der Abschlüsse (wichtige Kennziffern, Betriebsvergleiche)	☐

Daneben ist zu beachten, dass die Entgegennahme solcher Privatkredite gesetzlich geregelt ist. Das **Kreditwesengesetz** formuliert Anforderungen, die durch eine Nichtbank kaum zu erfüllen sind. Sobald mehr als fünf Darlehen mit insgesamt mehr als 12.500 EUR hereingenommen werden, muss danach eine Erlaubnis vorliegen, Bankgeschäfte zu betreiben. Nur wenn die Kreditverträge mit einem Passus versehen sind, der unmissverständlich klar macht, dass es sich nicht um eine bankübliche Geldanlage handelt, gilt dies nicht. Dieser könnte z. B. heißen: „Die Rückzahlung dieses Darlehens und die Zinsen können nicht verlangt werden, solange dieses Kapital zur Erfüllung anderer Verpflichtungen (z. B. Lieferanten- oder Bankverbindlichkeiten) benötigt wird."

Kompetente Unternehmensberater kennen sich mit den aktuellen staatlichen Förderungsmöglichkeiten aus oder können diese kurzfristig herausfinden.

Mühlhausen/landpixel.de

Eine weitere Möglichkeit sind **Direktbeteiligungen** an einem Betrieb. Diese stellen Eigenkapital dar, das im Konkursfall für die Verbindlichkeiten des Unternehmens haftet. Die rechtliche Gestaltung kann in sehr unterschiedlicher Weise erfolgen, z. B. als Gesellschafterkapital oder stille Beteiligung. Aufgrund des Eigenkapitalcharakters entsteht die o. g. Problematik aus dem Kreditwesengesetz nicht. Wenn in größerem Umfang Beteiligungen eingeworben werden sollen, kommen die Rechtsformen Kommanditgesellschaft (KG) und Aktiengesellschaft (AG) in Frage.

An dieser Stelle kann nur auf verschiedene Möglichkeiten und einige wesentliche Vor- und Nachteile hingewiesen werden. Vor Abschluss von privaten Darlehensverträgen oder Einbindung von Beteiligungen ist eine **Rechtsberatung** zu empfehlen.

FÖRDERUNGEN FÜR EXISTENZGRÜNDER

Für landwirtschaftliche Existenzgründer besteht grundsätzlich Zugang zum **Agrarinvestitionsförderungsprogramm (AFP)**. Die Förderbestimmungen werden kontinuierlich nicht nur durch den Bund geändert, sondern auch durch die Bundesländer angepasst, novelliert und ergänzt. Dies bedeutet, dass für den Existenzgründer unterschiedliche Rahmenbedingungen vorliegen. Deshalb wird empfohlen, die jeweils aktuellen Fördergrundlagen bei den zuständigen Landwirtschaftsämtern oder -kammern oder Landesministerien einzuholen.

Neben den allgemeinen Voraussetzungen zur Inanspruchnahme des AFP müssen folgende speziellen **Erfordernisse** von landwirtschaftlichen Existenzgründern erfüllt werden:
● erstmalige selbstständige Existenzgründung höchstens zwei Jahre vor Antragstellung,

- Nachweis eines angemessenen Eigenkapitalanteils am Unternehmen,
- Nachweis der Wirtschaftlichkeit durch eine differenzierte Planungsrechnung.

Die sonst erforderliche **Vorwegbuchführung** für mindestens zwei Jahre ist in diesem Fall **nicht erforderlich**.

Die vorgenannten Bestimmungen gelten nicht für Unternehmen, die infolge einer Betriebsteilung neu gegründet oder im Rahmen der Hofnachfolge in der Familie übergeben werden.

Weiterhin besteht die Möglichkeit, im Rahmen des AFP **Ausfallbürgschaften** für zinsverbilligte Kapitalmarktdarlehen in Anspruch zu nehmen. Dies ist insbesondere für Existenzgründer interessant, die keine banküblichen Sicherheiten für Darlehen erbringen können.

Landwirtschaftliche Existenzgründer haben die Möglichkeit, **Zahlungsansprüche** aus der nationalen Reserve zu beantragen. Hier sind derzeit **Voraussetzungen** bezüglich des Zeitraums der Neuaufnahme der landwirtschaftlichen Tätigkeit und der Ausübung dieser Tätigkeit in eigenem Namen und auf eigene Rechnung in den zurückliegenden Jahren zu erfüllen. Weitere Einschränkungen sind zu beachten bezüglich des Alters zum Zeitpunkt der Aufnahme der landwirtschaftlichen Tätigkeit, des Vorliegens eines Nachweises einer bestandenen Abschlussprüfung in einem anerkannten Ausbildungsberuf der Agrarwirtschaft oder eines entsprechenden Studienabschlusses sowie der Bewirtschaftung einer Mindestgröße an beihilfefähiger Fläche.

Für Neueinsteiger gibt es derzeit auch Sonderregelungen bezüglich der Zuteilung von Zahlungsansprüchen; hier sollten potenzielle Übernehmer bei den zuständigen Behörden ebenso wie im gesamten Förderungsbereich rechtzeitig die aktuellen Vorgaben in Erfahrung bringen.

Neben dem AFP gibt es **weitere Förderungsmöglichkeiten** für landwirtschaftliche Betriebe, die auch von Existenzgründern in Anspruch genommen werden können. Weitere Einzelheiten zur Förderung sowie Übersichten über weitere Programme werden in verschiedenen Veröffentlichungen der Landwirtschaftsministerien der Länder sowie vom Bundesministerium für Ernährung, Landwirtschaft und Verbraucherschutz zusammengestellt und von dort auf Anfrage zugesandt.

HINWEISE ZUR VERTRAGSGESTALTUNG

Bei der Übergabe von Höfen innerhalb der Familie hat der Gesetzgeber, um den Hof und sein Zubehör als Ganzes zur Erzielung eines Familieneinkommens zu erhalten, in den nördlichen, alten Bundesländern zu diesem Zweck Sondervorschriften erlassen, die anstelle oder in Verbindung mit der gesetzlichen Erbfolge des BGB gelten (siehe oben Abschnitt „Was ist durch Gesetz geregelt?"). Zweck dieser Regelung ist es, den Hof nur auf einen Erben übergehen zu lassen, während die anderen Erben Ausgleichsansprüche erhalten. Per Testament kann der Erblasser trotz dieser Sonderregelungen Abweichendes bestimmen (siehe oben Abschnitt „Wie kann die Hofübergabe gestaltet werden?"). Bei Übergaben innerhalb der Familie werden auf

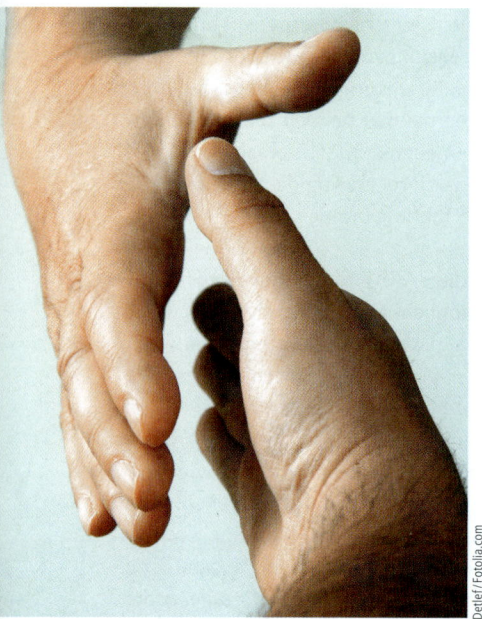

Ein Handschlag besiegelt auch heute noch oft eine erfolgreiche Vertragsverhandlung.

- Wann und wie sind die Rahmenbedingungen für die Abgabe (z. B. neuer Wohnraum, Bezug der Alterssicherung) geschaffen?
- Ist eine Abfindung der weichenden Erben zu regeln? Und wenn ja, wie?
- Will der Übergeber mit dem Hof weiter verbunden bleiben (z. B. Wohnrecht, Mithilfe auf dem Betrieb, Naturalleistungen)?
- Wie stark ist das Interesse am Fortbestand des Hofes oder an der zukünftigen Wirtschaftsweise?

Unterschiede in der Vertragsgestaltung innerhalb und außerhalb der Familie sind in der Regel psychologisch begründet und haben beispielsweise die beiden nachstehenden Gründe:

- Wenn der Betrieb an eine Person außerhalb der Familie übergeben wird, ist das Bedürfnis zur Erzielung eines wirtschaftlichen Vorteils (z. B. Kaufpreis, Rente) für den Übergeber in der Regel größer.
- Das Misstrauen bezüglich der Vertragserfüllung durch Familienfremde ist in der Regel stärker als bei Familienangehörigen und führt dann oft zu „Absicherungsklauseln" oder Ähnlichem.

Die Möglichkeiten, seine Vorstellungen durchzusetzen, hat in der Regel eher der Übergeber, die Situation kann aber beispielsweise durch mangelnde Nachfrage, Druck der Hausbank zur Abgabe oder Zeitdruck auch umgekehrt werden.

Als **Vertragsinhalt** sollten in allen Verträgen die juristisch und wirtschaftlich bedeutsamen

diese Weise gleichzeitig erbrechtliche Fragen gelöst. Bei **Übergaben außerhalb der Familie** steht dagegen der Hof im Vordergrund, der auf verschiedenen Wegen übertragen werden kann (siehe oben Abschnitt „Aus- und Einstieg").

Vor dem Hintergrund, dass jede Hofübergabe ein Einzelfall ist, ist dringend zu empfehlen, ergänzend die Hilfe eines in Landwirtschaftsfragen erfahrenen Juristen (Rechtsanwalt oder Notar) und auch eines Steuerberaters in Anspruch zu nehmen, um das erforderliche maßgeschneiderte Vertragswerk zu erstellen.

Bei der **Vertragsgestaltung** sind **aus Sicht des Übergebers** folgende Fragestellungen zu beachten:
- Wie ist die finanzielle Absicherung nach Abgabe des Hofes?

aid

Rahmenbedingungen des Hofes behandelt werden. Dazu gehören:

- Definition des Kaufgegenstandes (z. B. Bestand im Grundbuch, Viehvermögen, Maschinen, Vorräte),
- Überblick über die Verbindlichkeiten (Grundschulden, Hypotheken, Finanzierungen des Maschinen- und Umlaufvermögens),
- Aufstellungen aller bedeutsamen Verträge (insbesondere Pachtverträge mit Fristen),
- Zusammenstellung aller Beteiligungen, Zahlungsansprüche, Milchquoten, Brennrechte etc. und

- die vom Käufer zu übernehmenden dinglichen Belastungen, z. B. Altenteile, Wohnrechte, Reallasten, Vorkaufsrechte.

Zur Regelung der **Vertragsabwicklung** sollten Stichtage für die Kaufpreiszahlung und die Übergabe sowie Regelungen über Gewährleistungen, Vertragsstrafen und Rücktrittsklauseln und über die Frage der Einschaltung eines Treuhänders, z. B. eines Notars, berücksichtigt werden.

RECHTLICHE VORGABEN FÜR EXISTENZGRÜNDER AUF EINEN BLICK

Für die Neugründung eines landwirtschaftlichen Betriebes muss eine **Vielzahl von gesetzlichen Rahmenbedingungen** beachtet werden. Dies kann mit der Anmeldung des landwirtschaftlichen Betriebes bei der Gemeinde oder dem Finanzamt beginnen, geht über die Information an die Berufsgenossenschaft bis hin zur Wahl der steuerlichen Gewinnermittlung oder den Anspruch von Fördermaßnahmen. Viele dieser Punkte sollten nicht ohne Inanspruchnahme von entsprechenden Fachberatern entschieden werden. Einen guten vorbereitenden und detaillierten Überblick finden Sie in Fachveröffentlichungen (siehe auch „Literatur") oder auf entsprechenden Internetseiten.

Für die Gründung eines landwirtschaftlichen Betriebes ist keine landwirtschaftliche **Ausbildung** notwendig. Jedoch erfordert die erfolgreiche Führung eines landwirtschaftlichen Betriebes fundiertes Grundlagenwissen und am besten mehrjährige Praxiserfahrungen. Auch setzen die Investitionsförderungsprogramme der Bundesländer in der Regel den Nachweis der Fähigkeit zur ordnungsgemäßen Führung eines landwirtschaftlichen Betriebes voraus. Häufig wird hier die Vorlage eines entsprechenden Ausbildungszeugnisses verlangt.

Die Ausübung einer **landwirtschaftlichen Tätigkeit** kann **im steuerlichen Sinn** auch ohne entsprechende Anmeldung einer solchen vollzogen werden. Allerdings grenzt sich hier eine Freizeitbetätigung klar von einem landwirtschaftlichen Betrieb ab. Die Anerkennung als landwirtschaftlicher Betrieb (u. a. wichtig im Zusammenhang mit Fördermaß-nahmen oder Baumaßnahmen) setzt eine Gewinnerzielungsabsicht voraus. Diese muss bei der Existenzgründung mit einem fundierten Geschäftsplan nachgewiesen werden, wobei nicht davon ausgegangen wird, unmittelbar nach Gründung einen Gewinn zu erzielen. Die mittelfristige Perspektive sollte dies jedoch beinhalten.

Tabelle 11: Überblick über wichtige Punkte, die zu Beginn oder im zeitlichen Verlauf einer landwirtschaftlichen Existenzgründung zu beachten sind (ohne Anspruch auf Vollständigkeit)

Landwirtschaftliche Existenzgründung – zu beachtende Punkte	
Aspekt	**erledigt**
Erstellung eines Geschäftsplans	☐
Anmeldung des landwirtschaftlichen Betriebes bei der Gemeinde	☐
Anmeldung bei der Berufsgenossenschaft	☐
Anmeldung bei der landwirtschaftlichen Alterskasse[1]	☐
Anmeldung bei der landwirtschaftlichen Krankenkasse[1]	☐
Festlegung des steuerlichen Gewinnermittlungsverfahrens	☐
Wahl des Umsatzsteuerverfahrens	☐
Meldung bei der Tierseuchenkasse	☐
Registrierung im Rahmen der Futtermittelhygieneverordnung	☐
Antrag auf Befreiung von der Kraftfahrzeugsteuer	☐
Antrag auf Mineralölsteuererstattung	☐
Erwerb eines Sachkundenachweises für die Anwendung von Pflanzenschutzmitteln	☐

[1] Achtung Pflichtversicherung! Ein Antrag auf Befreiung kann gestellt werden, wenn bestimmte Voraussetzungen dafür vorliegen. Insbesondere die Ehepartner können hiervon betroffen sein. Fragen Sie danach bei Ihrem zuständigen Sozialversicherungsträger vor Ort.

Bundesministerium der Justiz:
Höfeordnung, www.gesetze-im-internet.de

Landwirtschaftskammer
Niedersachsen (2005):
**Gesetzliche Vorgaben bei der Gründung
eines landwirtschaftlichen Betriebes,**
Oldenburg.

Rossier, R., Felber, P., Mann, S. (2007):
Aspekte der Hofnachfolge,
ART-Berichte Nr. 681/2007.

Vieth, C., Roeckl, C., Thomas, F. (2008):
Höfe gründen und bewahren, 1. Aufl.,
Kassel University Press, Kassel.

Lübbeke, I. (1998):
**„... ein ganz schönes Erbe, ein ganz schön
schweres Erbe auch.";**
ASG-Kleine Reihe Nr. 59;
Agrarsoziale Gesellschaft, Göttingen.

Hilpert, M. und Neumann, P. (2012):
**Die Landwirtschaft geht,
der Bauernhof bleibt;**
Ländlicher Raum 4/2012;
Agrarsoziale Gesellschaft, Göttingen.

Fahning, I. und Niederstucke, E. (1999):
**Hege und Pflege in alten und
kranken Tagen;**
ASG-Materialsammlung Nr. 201;
Agrarsoziale Gesellschaft, Göttingen.

Schelle, I. (2012):
Die menschliche Seite der Hofübergabe;
Allgäuer Bauernblatt 14/2012;
AVA-Verlag, Kempten.

BLG (Hrsg., 2005):
**Agrarstrukturentwicklung: Hofbörsen,
Betriebsnachfolge, Existenzgründung;**
Landentwicklung aktuell Heft 2005;
Bundesverband der gemeinnützigen
Landgesellschaften, Berlin (als kostenloser
Download auf www.blg-berlin.de)

BMWi (Hrsg., 2011):
**Unternehmensnachfolge –
die optimale Planung;**
Bundesministerium für Wirtschaft und
Technologie, Berlin. Bestellbar oder als PDF-
Download auf der Seite www.bmwi.de/DE/
Mediathek/publikationen.html

Umfangreiche weiterführende Informationen
finden Sie beispielsweise
- auf der Internetseite www.hofgruender.de
  und bei den dort genannten Institutionen,
- beim Bundesverband der gemeinnützigen
  Landgesellschaften (www.blg-berlin.de),
- bei der Bundesarbeitsgemeinschaft der
  Landwirtschaftlichen Familienberatungen
  und Sorgentelefonen e. V. (www.landwirt-
  schaftliche-familienberatung.de),
- im Artikel „Kleine Starthilfe – Beratung
  für Existenzgründer" auf der Internetseite
  www.test.de (Suchbegriffe: „Test Beratung
  Existenzgründer" eingeben).

CHECKLISTE ZUR HOFÜBERGABE – WICHTIGES IM ÜBERBLICK

1 Gemeinsame Entscheidung, ob der Hof an die nächste Generation übergeben werden kann

Wirtschaftliche Voraussetzungen überprüfen

- Betriebsanalyse zur Standortbestimmung
- Planung der zukünftigen Entwicklung

Persönliche und familiäre Voraussetzungen klären

- Persönliche Eignung eines Kindes
- Planung der beruflichen Aus- und Fortbildung
- Arbeitswirtschaftliche Konzeption
- Wohnbereiche für mehrere Generationen
- Bereitschaft zum Wandel

Günstiger Zeitpunkt

- Bei der Berufswahl des möglichen Hofnachfolgers/der möglichen Hofnachfolgerin
- Vor größeren betrieblichen Investitionen
- Bei gesundheitlichen Problemen der jetzigen Generation

2 Gemeinsame Festlegung, wann die Hofübergabe erfolgen und wie die Zeit bis dahin gestaltet werden soll

Arbeitsvertrag
Pacht- oder Gesellschaftsvertrag
Zeitpunkt für den Hofübergabevertrag

Günstiger Zeitpunkt

- Vor Abschluss der Berufsausbildung des Nachfolgers/der Nachfolgerin
- Vor Eintritt der nachfolgenden Generation in den Betrieb

3 Vorbereitung und Abschluss des Hofübergabevertrages

Wichtige Regelungen in der Familie erörtern und mithilfe der Beratung Vertragsentwurf erstellen

- Zeitpunkt der Übergabe
- Beteiligte am Vertrag
- Überlassungsgegenstand und ggf. Rückbehalt
- Altenteil
- Abfindung weichender Erben
- Versorgung jüngerer Geschwister
- Zusatzklauseln
- Auflösung bestehender Pacht- oder Gesellschaftsverträge

Tragbarkeit der geplanten Verpflichtungen überprüfen, ggf. Beratung einholen
Steuerliche Auswirkungen mit Steuerberater/-in genau durchsprechen
Vereinbarkeit mit bestehenden Verfügungen klären
Entwurf im Notartermin erörtern und ggf. Änderungen vornehmen
Beurkundungstermin festsetzen, ggf. Rentenanträge stellen

Günstiger Zeitpunkt

- Rentenbeginn der abgebenden Generation
- Außerbetriebliche Arbeitsaufnahme durch abgebende Generation
- Verantwortungsübertragung an die jüngere Generation
  aufgrund wichtiger betrieblicher Entwicklungsschritte wünschenswert
- Qualifikation und Verantwortungsbereitschaft der jüngeren Generation vorhanden

4 Klärung, ob ergänzende ehe- und familienrechtliche Regelungen erforderlich sind, weil die gesetzlichen Vorgaben nicht ausreichen

Testament

- Gespräch über wünschenswerte Regelungen in der Familie,
  insbesondere bei Tod des jungen Übernehmers
- Testamentsart und Aufbewahrungsform klären
- Formvorschriften beachten

Erbvertrag
Ehevertrag

- Absicherung des einheiratenden Ehepartners

Günstiger Zeitpunkt

- Umgehend nach der Hofübergabe

5 Überprüfung und Neuordnung des Versicherungsschutzes

Gesetzliche Sozialversicherungen (Krankenkasse, Alterskasse) anpassen
Persönliche Absicherung der Familie (Todesfall, Berufs- oder Erwerbsunfähigkeit) sicherstellen

- Risikoanalyse erstellen
- Private Zusatzabsicherungen ggf. vornehmen

Betriebliche Versicherungen überprüfen

- Außerordentliche Kündigungsfristen beachten
- Mehrere Angebote einholen

Günstiger Zeitpunkt

- Spätestens bei Betriebsübergabe

MÖGLICHE PROBLEME, TIPPS FÜRS GELINGEN

HÄUFIGE PROBLEME IN DER PRAXIS

- Zu den aktuellen Meinungsverschiedenheiten über die Ausgestaltung der Hofübergabe kommen alte, nicht aufgearbeitete Konflikte hoch.
- Differenzen über die Aufgabenverteilung in Betrieb und Familie
- Eingeschränkte Privatsphäre und fehlende Rückzugsräume
- Unterschiedliche Lebens- und Wertevorstellungen
- Eifersucht, Ärger, Bitterkeit, Beleidigungen, persönliche Verletzungen
- Angst, überflüssig zu sein

- Fehlende Kooperations- und Kompromissbereitschaft
- Fehlende bzw. zu emotionale Kommunikation auf der Ebene der Positionen
- Missachtung der Interessen und Bedürfnisse der anderen
- Fehlende Dankbarkeit und Wertschätzung
- Finanzielle Engpässe und Schwierigkeiten
- Arbeitsüberlastung
- Sichtweisen der weichenden Erben (Geschwister des Übernehmers)
- Meinungsverschiedenheit über den richtigen Zeitpunkt der Hofübergabe

Quelle: Allgäuer Bauernblatt, Heft 14/2012, S. 62 bis 64

percent./Fotolia.com

EMPFEHLUNGEN FÜR EINE ERFOLGREICHE VORGEHENSWEISE

A Gute Kommunikation

- Schaffen Sie Zeit (Termine festlegen!) und Raum für Kommunikation in der Familie.
- Führen Sie offene u. ehrliche Gespräche und lassen Sie die Sichtweisen des jeweils anderen erläutern.
- Fragen Sie nach den wirklichen Interessen, Bedürfnissen und Gefühlen des jeweils anderen – jedes Verhalten hat individuelle Beweggründe.
- Versuchen Sie, aktiv zuzuhören, und fragen Sie nach.
- Hinterfragen Sie, ob wirklich alle Beteiligten einbezogen sind.

B Wertschätzung und Dankbarkeit

- Gehen Sie mit Achtung und Respekt mit sich und den anderen Beteiligten um.
- Versuchen Sie, die Leistungen und Lebensentwürfe des jeweils anderen anzuerkennen – jede(r) leistet etwas und kann etwas gut.
- Akzeptieren Sie, dass jeder Mensch anders denkt, fühlt und andere Bilder im Kopf hat.
- Schauen Sie dankbar auf die Dinge, die vorhanden sind.
- Zeigen Sie, dass Sie anderen vertrauen können.

C Zeit, Ziele und Lösungen

- Beschäftigen Sie sich frühzeitig mit der Nachfolge und deren Auswirkungen.
- Nehmen Sie sich Zeit zur individuellen inneren Planung und lassen Sie den „Kopf mitkommen".
- Formulieren Sie mutig konkrete Wünsche und Ziele für die Zukunft.
- Definieren Sie für sich, was persönlich Erfolg und Zufriedenheit ausmacht.
- Spielen Sie bei Zahlen und Finanzen mit offenen Karten.
- Sammeln Sie gemeinsam Ideen zur Lösungsfindung.
- Öffnen Sie sich für Veränderungen und Neues.
- Haben Sie Mut zu Entscheidungen.
- Legen Sie Kooperations- und Kompromissbereitschaft an den Tag.

D Hilfe von außen

- Nehmen Sie für die Führung der Gespräche die Unterstützung von Dritten (Prozessberater, Moderator, Familienberater, Mediator) in Anspruch.
- Nutzen Sie Seminarangebote.
- Lassen Sie sich fachlich beraten.

Quelle: Allgäuer Bauernblatt, Heft 14/2012, S. 62 bis 64

Ehe- und Erbrecht in der Landwirtschaft

Einheiratende oder eingeheiratete Ehe- und Lebenspartner sind für landwirtschaftliche Familienbetriebe eine wichtige Stütze. Dieser Einsatz muss finanziell und rechtlich gut abgesichert sein. Das Heft stellt die Rechtsgrundlagen und die vertraglichen Möglichkeiten vor.

Heft, DIN A5, 56 Seiten, Bestell-Nr. 1202

Rechtsformen landwirtschaftlicher Unternehmen

Hofübergabe, Kooperationen, größere Investitionen – fast immer stellt sich die Frage der passenden Rechtsform. Das Heft berücksichtigt dabei auch neuere, europäische Rechtsformen. Es erläutert alle Kriterien, die bei der Auswahl eine Rolle spielen.

Heft, DIN A5, 60 Seiten, Bestell-Nr. 1147

Betriebsaufgabe – den Neuanfang wagen

Das Leben nach dem Rückzug aus der Landwirtschaft bietet viele Gestaltungsmöglichkeiten: Außerlandwirtschaftliche Berufstätigkeit, frühzeitige Altersrente oder Umnutzung des Betriebes sind nur einige davon.

Heft, 14 x 21 cm, 32 Seiten, Bestell-Nr.: 1240

Versicherungen in der Landwirtschaft (Neuauflage 2014)

Versicherungen helfen Landwirten, Risiken für Betrieb und Familie abzufedern. Das Heft stellt alle wichtigen personen- und betriebsbezogenen Versicherungstypen vor und ordnet den Nutzen ein.

Heft, DIN A5, 72 Seiten, Bestell-Nr. 1188

Besteuerung der Land- und Forstwirtschaft

Grundlegendes zu den Steuern in Land- und Forstwirtschaft gibt es hier kurz gefasst, verständlich und übersichtlich. In diesem Heft ausführlich: die neue Erbschaftsteuer. Aktualisiert wurden Energie-, Einkommen- und Gewerbesteuer.

Heft, DIN A5, 72 Seiten, Bestell-Nr.: 1247

Beschäftigung von Arbeitnehmern in Land-, Forstwirtschaft und Gartenbau

Das Einstellen von Mitarbeitern wird auch in grünen Unternehmen immer wichtiger. Von der Bedarfsermittlung, über Rechtsfragen, Lohnformen, Arbeitsverträge und Arbeitgeberpflichten bis hin zu Bewerbung und Saisonarbeitskräften informiert dieses Heft.

Heft, DIN A5, 76 Seiten, Bestell-Nr.: 1565

Anzeigepflichtige Tierseuchen

Ob Afrikanische Schweinepest oder Maul- und Klauenseuche – nur eine schnelle Erkennung von Tierseuchen kann ihre Verbreitung verhindern und zur erfolgreichen Bekämpfung beitragen.

Heft, DIN A5, 112 Seiten, Bestell-Nr. 1046

Betriebswirtschaft und Rechnungswesen in der Forstwirtschaft

Das Heft gibt eine geraffte Einführung in wichtige Begriffe und Grundlagen von Betriebswirtschaft und Rechnungswesen im Forstbetrieb. Denn auch im Wald gelten die wirtschaftlichen Gesetzmäßigkeiten.

Heft, DIN A5, 72 Seiten, Bestell-Nr.: 5-1522

Sicher transportieren in der Land- und Forstwirtschaft

Obwohl der Transport ungewöhnlicher Güter in der Landwirtschaft zum Alltag gehört, kommt es immer wieder zu Unfällen. Das Heft fasst die wichtigsten gesetzlichen Vorgaben zusammen und erklärt, wann der Fahrer, Halter oder Verlader im Schadensfall haftet.

Heft, DIN A5, 56 Seiten, Bestell-Nr. 1574

Landwirtschaftliche Gebäude – zukunftsorientiert planen, landschaftsgerecht und nachhaltig bauen

Funktionell, umweltschonend, landschaftsgerecht und kostengünstig sollen landwirtschaftliche Gebäude sein. Bedingungen, die bereits bei der Bauplanung in Einklang gebracht werden müssen.

Special Print, DIN A4, 152 Seiten, Bestell-Nr.: 3974

Private Altersvorsorge – Luxus oder Notwendigkeit?

Private Altersvorsorge ja oder nein, und wenn ja, in welchem Umfang? Das Heft erläutert, wie man dem Thema in landwirtschaftlichen Betrieben unter Berücksichtigung der Interessen von Jung und Alt, von Haus und Hof gerecht werden kann.

Heft, DIN A5, 64 Seiten, Bestell-Nr. 1126

Finanzmanagement im landwirtschaftlichen Unternehmen

Für spezialisierte Betriebe mit hohem Fremd-kapitaleinsatz ist ein solides Finanzmanagement elementar. Das Heft stellt die Finanzierungsformen in landwirtschaftlichen Unternehmen vor und erklärt, wie eine gute Finanzplanung aussieht.

Heft, DIN A5, 56 Seiten, Bestell-Nr. 1139

Investitions- und Finanzierungsentscheidungen

Investieren und Finanzieren sind Kernkompetenzen unter-nehmerischen Handelns. Dieses Feld richtig zu bestellen, ist die Voraussetzung für eine langfristig erfolgreiche Entwick-lung von Unternehmen.

Broschüre, DIN A4, 64 Seiten, Bestell-Nr. 3399

Der landwirtschaftliche Jahresabschluss II

Bewährtes durch das wissenschaftlich fundierte Erkenntnisse erweitern. Das bedeutet hier: Die anerkannten Kennzahlen auf der Basis des BMEL-Jahresabschlusses um neue Instrumente der Beurtei-lung der Risikotragfähigkeit ergänzen.

Heft, DIN A4, 64 Seiten, Bestell-Nr. 1396

Büromanagement im landwirtschaftlichen Unternehmen

Mehr als 20 Stunden pro Monat Büroarbeit im Durchschnitt aller landwirtschaftlichen Betriebe, mehr als zehn Stunden zusätzlich in tierhaltenden Betrieben – da lohnt es sich, über effiziente Arbeitserledigung nachzudenken.

Heft, 14 x 21 cm, 52 Seiten, Bestell-Nr. 1427